U0877674

无线电监管App开发与应用

黄　铭　汪明礼　杨晶晶　著

科学出版社
北京

内 容 简 介

无线电频谱是连接陆、海、空、天和网络空间的媒介，是国家重要的战略性稀缺资源。由于无线电波传播的开放性，无线电业务十分容易受到干扰，因而普及无线电监管知识、共同维护电磁空间安全迫在眉睫。全书共 5 章，第 1 章为无线电监管，主要介绍无线电频谱、无线电管理、无线电监管现状和发展趋势；第 2 章介绍 Internet 基础，包括信息通信技术、客户端与服务器、Web、移动互联网及其应用，以及人工智能；第 3 章讨论 App 与 Web App 框架；第 4 章讨论 Web App 开发基础，包括 Web App 基础框架、NPS 内网穿透、OpenVPN 和 Web App 开发案例；第 5 章为无线电管理 App，内容涉及系统架构、5G 干扰协调、基站电磁辐射、占用度测量、FM 广播监测和无线电知识问答。

本书适合通信相关专业的学生、高校教师、工程师和无线电监管人员等阅读。

图书在版编目（CIP）数据

无线电监管 App 开发与应用／黄铭，汪明礼，杨晶晶著. —北京：科学出版社，2021.12

ISBN 978-7-03-070948-6

Ⅰ. ①无… Ⅱ. ①黄… ②汪… ③杨… Ⅲ. ①无线电通信-安全管理-移动终端-应用程序-程序设计 Ⅳ. ①TN92

中国版本图书馆 CIP 数据核字（2021）第 260429 号

责任编辑：王喜军 李 策 / 责任校对：樊雅琼

责任印制：吴兆东 / 封面设计：无极书装

科学出版社 出版

北京东黄城根北街 16 号

邮政编码：100717

http://www.sciencep.com

北京中石油彩色印刷有限责任公司 印刷

科学出版社发行 各地新华书店经销

*

2021 年 12 月第 一 版 开本：720 × 1000 1/16

2021 年 12 月第一次印刷 印张：8 1/2

字数：171 000

定价：98.00 元

（如有印装质量问题，我社负责调换）

前　言

随着移动互联网的普及和数字经济的发展，以 5G 和物联网为代表的新一代信息通信技术与实体经济深度融合，无线电新技术、新业务、新应用大量涌现，成为各行业加速数字化转型的重要引擎。与此同时，无线电干扰事件逐年增多，电磁环境越来越复杂，因此普及无线电监管知识、共同维护空间电波安全迫在眉睫。基于此，本书首先介绍无线电监管、Internet 基础、App 与 Web App 框架，然后讨论 Web App 开发相关技术，最后介绍云南大学无线创新实验室（简称：实验室）开发的无线电管理 App。本书的出版发行不仅有利于无线电监管知识的普及，而且有利于无线电管理人员技术水平的提升。

本书能够完成，作者首先要感谢国家自然科学基金项目“基于业务的无线电监测方法及关键技术研究”（61963037）、“基于多维数据融合的民航无线电干扰实时监测研究及系统设计”（61863035）的资助，以及云南省无线电管理部门对实验室的大力支持，也要感谢红河州无线电管理办公室和成都点阵科技有限公司一直以来对实验室工作的支持，尤其要感谢李韬站长、蒋洪林高级工程师的支持和帮助。此外，作者在本书写作过程中参考了大量优秀的资料，在书中都进行了引用和标注，在此对这些资料的作者表示感谢。

最后，由于作者学术水平有限，加上本书涉及的知识点多，书中难免有不足之处，还望读者海涵和指正。

作　者

2021 年 7 月

目　　录

第 1 章　无线电监管

1.1　电 磁 频 谱

众所周知，带电粒子的运动产生电流，时变电流或时变磁场产生变化的电场，时变电场产生变化的磁场，时变电场与时变磁场相互转化形成电磁波。依照电磁波的长短、频率以及波源的不同，电磁频谱可大致分为无线电波、微波、毫米波、太赫兹波、红外线、可见光、紫外线、X 射线和γ射线。在无线电波、微波、毫米波和太赫兹波频段，电磁波主要由“自由电子”运动产生。在红外线、可见光和紫外线频段，电磁波主要产生于原子和分子的运动，例如，红外线辐射主要产生于分子的转动和振动，可见光与紫外线辐射主要产生于电子在原子场中的跃迁。X 射线和γ射线是利用带电粒子轰击某些物质而产生的，这些辐射的特点是量子能量高，当它们与物质相互作用时，波动性弱而粒子性强。

电磁频谱的频率范围为 10^4～10^{20}Hz；波长范围为 10^3～10^{-12}m，图 1.1 为电磁频谱示意图。电磁频谱的合理开发及其应用是现代社会文明的基础。

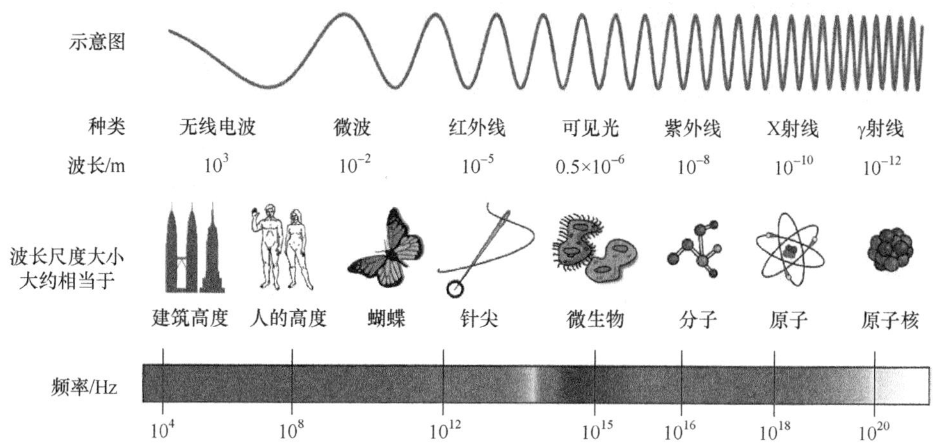

图 1.1　电磁频谱

1.2 无线电频谱与业务

电磁频谱中 30kHz～3000GHz 的部分习惯称为无线电波，包括无线电波、微波、毫米波和太赫兹波。由于无线电波传播条件好，不同国家对无线电波的应用都有严格的规定，例如，我国将无线电波划分为 43 种业务，详见《中华人民共和国无线电频率划分规定》[1]，具体业务类型见表 1.1，图 1.2 为中华人民共和国无线电频率划分图。

表 1.1 我国无线电业务类型

序号	无线电业务	序号	无线电业务	序号	无线电业务
1	无线电通信业务	16	航空移动（R）业务	31	无线电定位业务
2	固定业务	17	航空移动（OR）业务	32	卫星无线电定位业务
3	卫星固定业务	18	卫星航空移动业务	33	气象辅助业务
4	航空固定业务	19	卫星航空移动（R）业务	34	卫星地球探测业务
5	卫星间业务	20	卫星航空移动（OR）业务	35	卫星气象业务
6	空间操作业务	21	广播业务	36	标准频率和时间信号业务
7	移动业务	22	卫星广播业务	37	卫星标准频率和时间信号业务
8	卫星移动业务	23	无线电测定业务	38	空间研究业务
9	陆地移动业务	24	卫星无线电测定业务	39	业余业务
10	卫星陆地移动业务	25	无线电导航业务	40	卫星业余业务
11	水上移动业务	26	卫星无线电导航业务	41	射电天文业务
12	卫星水上移动业务	27	水上无线电导航业务	42	安全业务
13	港口操作业务	28	卫星水上无线电导航业务	43	特别业务
14	船舶移动业务	29	航空无线电导航业务		
15	航空移动业务	30	卫星航空无线电导航业务		

注：R 为航路 route 的缩写，OR 为航路外 off-route 的缩写。

1.3　无线电管理与监测

我国无线电管理机构为工业和信息化部无线电管理局（国家无线电办公室），处室设置包括综合处、地面业务处、空间业务处、频率规划处、监督检查处和无线电安全处。

1.3.1　无线电管理

无线电管理本质上就是要解决空中无线电信号是什么业务、发射源在哪里、是否合规等问题，无线电管理的总体要求是[2]："三管理、三服务、一突出"，即：管资源、管台站、管秩序；服务经济社会发展、服务国防建设、服务党政机关；突出做好重点无线电安全保障工作。具体职责是[3]：编制无线电频谱规划；负责无线电频率的划分、分配与指配；依法监督管理无线电台（站）；负责卫星轨道位置协调和管理；协调处理军地间无线电管理相关事宜；负责无线电监测、检测、干扰查处，协调处理电磁干扰事宜，维护空中电波秩序；依法组织实施无线电管制；负责涉外无线电管理工作。

从学术的角度看，无线电监管包括管理和技术两个组成部分，可以用无线电监管模型描述，如图 1.3 所示，管理部分包括法律法规、标准规范和行政管理；技术部分包括无线电检测和无线电监测。

1.3.2　无线电监测

无线电监测就是采用技术手段对电磁环境进行测量、对电磁兼容性进行分析、对发射机的技术参数和使用情况进行监测、对发射机进行定位等，并与管理部门协同工作，确保相关无线电业务的正常运行，同时做好重点无线电业务的安全保障工作。无线电监测的技术设施包括接收机、天线、传送网络、数据存储处理设备及相关软件，其中，接收机和天线是捕获无线电信号的关键设备。无线电检测是对无线电监测技术设施进行检验，以确保监测技术设施参数指标满足国家标准。在无线电监测领域，云南省做了大量的工作，出版了系列教程和专著[5-8]。

1.4　无线电监管现状和发展趋势

1927 年，美国颁布了《无线电法》，为不同无线电业务指定不同的波长，并为美国商务部提供了第一辆无线电测试车，开始实施无线电监测。我国无线电监测系统建设起步较晚，20 世纪 90 年代开始大规模建设。经过 30 多年的建设和发

中华人民共和国无线电频率划分图

THE PEOPLE'S REPUBLIC OF CHINA FREQUENCY ALLOCATIONS THE RADIO SPECTRUM

气象辅助 METEOROLOGICAL AIDS

航空无线电导航 AERONAUTICAL RADIONAVIGATION

无线电定位 RADIOLOCATION

广播 BROADCASTING

水上移动 MARITIME MOBILE

移动 MOBILE

陆地移动 LAND MOBILE

固定 FIXED

射电天文 RADIO ASTRONOMY

航空移动 AERONAUTICAL MOBILE

无线电导航 RADIONAVIGATION

空间研究 SPACE RESEARCH

水上无线电导航 MARITIME RADIONAVIGATION

空间操作 SPACE OPERATION

业余 AMATEUR

标准频率和时间信号 STANDARD FREQUENCY AND TIME SIGNAL

卫星气象 METEOROLOGICAL-SATELLITE

卫星地球探测 EARTH EXPLORATION-SATELLITE

卫星间 INTER-SATELLITE

卫星无线电测定 RADIO DETERMINATION-SATELLITE

卫星 SATELLITE S

航空移动(R)除外 EXCEPT AERO MOBILE(R) AR

航空移动除外 EXCEPT AERO MOBILE A

卫星航空移动除外 EXCEPT AERO MOBILE-SATELLITE SA

空—地 S—E ↓

地—空 E—S ↑

空—空 S—S →

中华人民共和国信息产业部

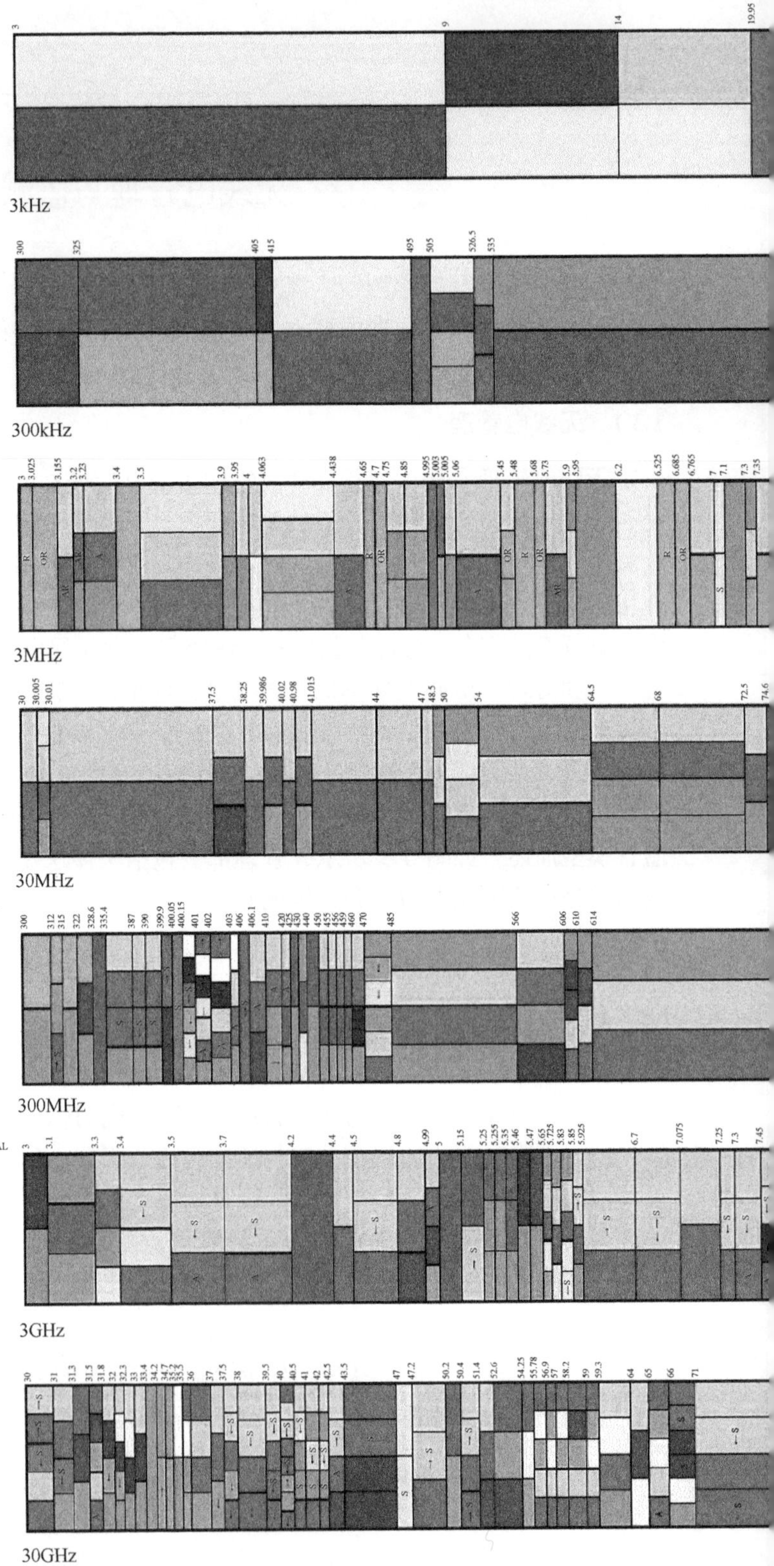

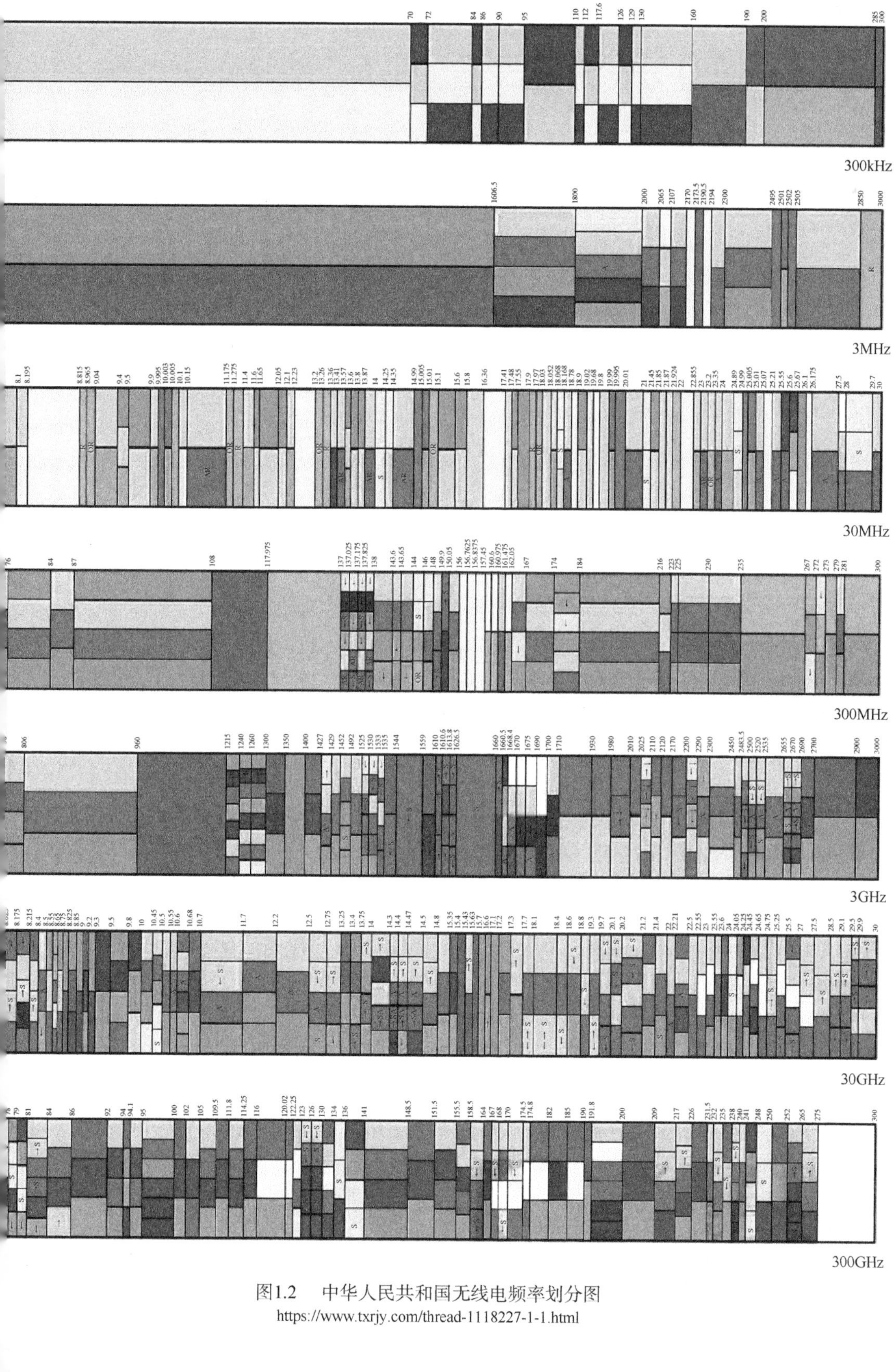

图1.2　中华人民共和国无线电频率划分图

https://www.txrjy.com/thread-1118227-1-1.html

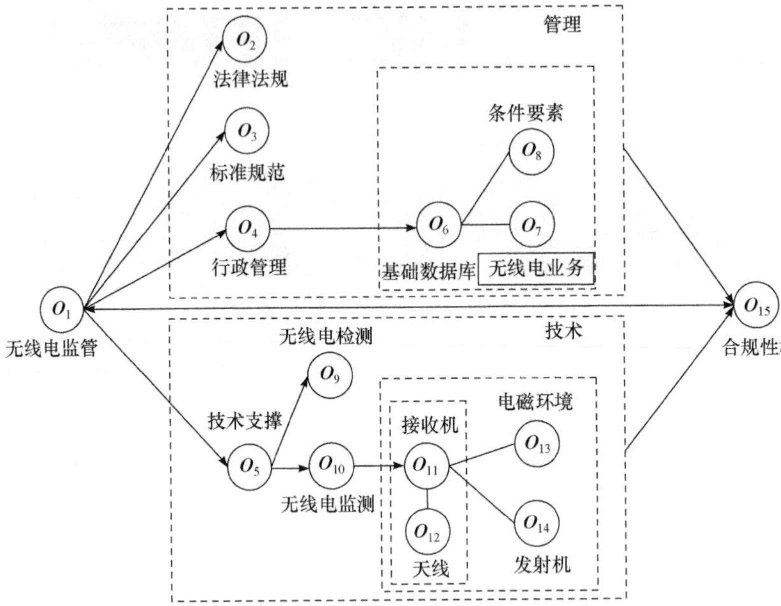

图 1.3　无线电监管模型[4]

展，全国已经建成了技术先进的异构无线电监管系统，包括基于无线电监测传输协议（radio monitoring transfer protocol，RMTP）的人机通信系统、基于一体化平台的信息系统和基于信息系统架构的智能系统，目前的趋势是将新一代人工智能引入无线电监管领域，发展智慧无线电监管系统。

在无线电监管领域，实验室做了许多创新性工作。实验室承担了工业和信息化部无线电管理局下达的课题[9]，提出了信息系统架构下基于物联网和云计算的智能边疆无线电监管网建设思路[10]，该成果被纳入《国家无线电管理规划（2016—2020 年）》以及《云南省无线电事业发展“十三五”规划》，相关论文被中共中央网络安全和信息化委员会办公室全文转载[11]。实验室在云南省红河州建设了边境无线电监管示范系统[12]，官方评价为示范系统按照“互联网+无线电监管”的思路建设，具有安全、开放、共享、模块化等特点，成为全国第一个基于谱传感的边境电磁频谱监管示范系统，同时也是全球第一个公开发表的集成了频谱管理和频谱监测的智能决策支撑系统，全力破解了新时代背景下制约边境无线电监管工作效能发挥的症结，为我国实施边海地区无线电管理技术设施建设工程提供了重要支撑。实验室在 *Radio Science* 杂志上发表了封面论文[13]，被美国 *Earth and Space Science News* 选为“研究焦点”，并以“Managing radio traffic jams with the cloud”为题进行了评述[14]，随后实验室开发了基于人工智能的频率调制（frequency modulation，FM）广播监测系统，并进行了规模化部署和试运行。该系统通过人工智能模仿监测人员收听广播并记录异常发射台，取代了繁重的人工劳动，并以

“FM broadcast monitoring using artificial intelligence”为题[15]，在 *Radio Science* 上发表了研究论文，这是无线电监测领域的首个人工智能落地项目。实验室提出了基于业务的无线电监测方法，弥补现有无线电监测体系架构的不足，并将其成功运用于红河州边境无线电监管系统中，同时，基于业务的无线电监测方法被纳入国家无线电管理“十四五”规划预研课题，包括民用航空无线电监测、铁路无线电监测和边疆无线电监测等。针对无线电监测系统云端智能提升问题，实验室提出了基于知识图谱技术的无线电监管框架[3]，搭建了知识驱动的无线电监管实验系统，实现了无线电监管知识的获取、推理、决策和问答等功能，奠定了智慧无线电监管基础。

2019 年，国家无线电监测中心李景春书记莅临云南省无线电监测中心调研指导工作时指出[16]“中心科研创新成果显著，特别是民航专用监测系统和‘黑广播’监测等系统达到国内领先水平”。上述两项成果是由云南省无线电监测中心组织、实验室负责完成的[17,18]。

第 2 章　Internet 基础

2.1　信息通信技术

2.1.1　信息通信技术简介

信息通信技术（information and communications technology，ICT）是一个涵盖性术语，覆盖了所有通信设备或应用软件，如收音机、电视、移动电话、计算机、网络硬件和软件、卫星系统等，以及与之相关的各种服务和应用软件，如视频会议和远程教学。ICT 是数字经济的载体和经济数字化转型的基础，是人类科学和技术文明的结晶，可以这样说，没有 ICT 就没有现代文明。

简单来说，信息通信网络由终端、接入网、交换机/路由器、传送网、协议/信令和服务器组成[19]，如图 2.1 所示。终端包括电话、个人计算机（personal computer，PC）、平板电脑、家用电器等，一句话，凡是能进入网络的设备或系统都可以称为终端。物联网就是指将万物内嵌入的终端通过网络连接起来，小到温度传感器，大到汽车、飞机和航空航天系统。接入网的功能是将终端连接到交换机/路由器，常见的接入网包括 WiFi、公众移动通信网络、光纤接入和卫星接入等。交换机/路由器的功能是路由转换和数据包分发，著名的华为公司就是靠交换机起家的。传送网相当于信息高速公路，包括准同步数字系列（plesiochronous digital hierarchy，PDH）、同步数字系列（synchronous digital hierarchy，SDH）、密集波分复用（dense wavelength division multiplexing，DWDM）等，发展趋势应该是陆、海、空、天混

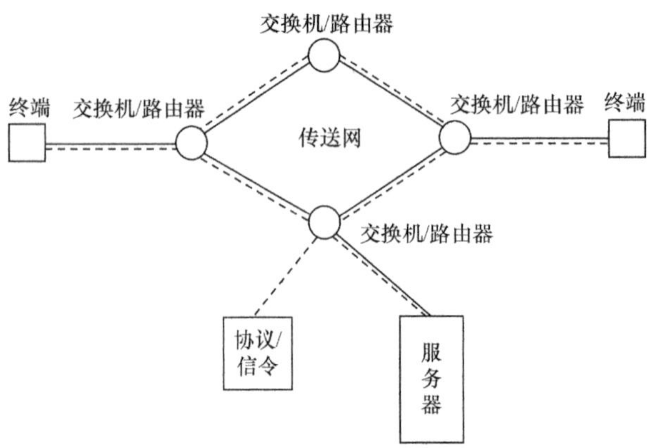

图 2.1　信息通信网络的组成[19]

合异构网络。协议/信令相当于信息通信网络的神经系统，传输控制协议/因特网互联协议（transmission control protocol/internet protocol，TCP/IP）拥有领导地位。服务器领域发展更快，包括虚拟机、公有云、私有云、数据中心等。上述介绍虽然简单，但其中包含的信息量巨大，读者可慢慢体会。在 ICT 领域，华为技术有限公司在国内外处于领跑地位[20]。

2.1.2　信息通信网络的发展趋势

依据信息通信网络的经典教材[21]，其研究内容包括传输协议、时延分析、多址技术、路由算法、流量拥塞控制和网络结构设计。结合应用需求，现代信息通信网络的主要发展趋势包括边缘计算、云端智慧和新一代网络等。

1. 边缘计算

在传统信息通信网络中，终端主要用于控制和传输数据，海量的数据不仅增加了时延，还会进一步增加云端处理负荷。基于此提出了谱传感的概念和知识驱动无线电监管的思想[22]，在监测接收机内嵌入强大的计算、存储和网络处理能力，通过边缘计算获取无线电监测知识[23]，这样传统监测网络结构设计中存在的问题将得到有效解决。

2. 云端智慧

众所周知，在大数据时代，数据是资产和财富。但同时，存在大量的数据冗余，数据可能是负担，因此希望通过云端数据挖掘发现监测数据的模式，为数据拥有者提供决策支撑。基于此，知识驱动和新一代人工智能是实现云端智慧的必由之路。图 2.2 为文献中提出的基于云边混合架构的智慧城市解决方案[24]，这对其他行业发展智慧系统的开发具有参考价值。

3. 新一代网络

目前，信息通信网络存在许多问题，例如，网络安全问题；无线网络中低时延、高带宽、高可靠性等问题；多频段，多技术，陆、海、空、天混合异构网络构建等问题。下面简要讨论这些问题。

在网络安全方面，除传统的基于密码的研究，物理层安全是一个重要的研究方向，包括无线通信中的物理层安全和量子通信等。在无线网络中低时延、高带宽、高可靠性等方面，5G 技术是一个重要的突破，例如，由于 5G 的超大带宽（如增强型移动宽带，enhanced mobile broadband，eMBB）、超低时延（如超可靠低时延通信，ultra-reliable and low-latency communication，URLLC）和海量连接（如大连接物联网，massive machine-type communication，mMTC）等特性，5G 通信将客户从传统的普通个人用户，投向了垂直行业领域，无线通信正进入改变社会的时代。在多频段，多技术，陆、海、空、天混合异构网络构建等方面，图 2.3 为 6G 时代空中无线电接入网的基础架构，这是一种陆、海、空、天混合异构接入网[25]。

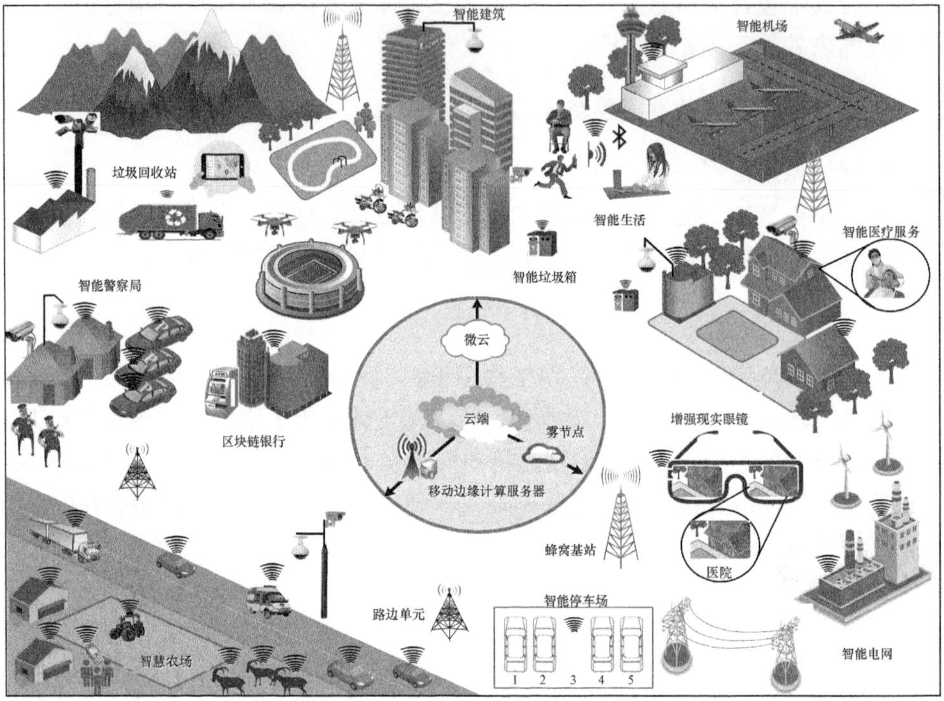

图 2.2　基于云边混合架构的智慧城市解决方案[24]

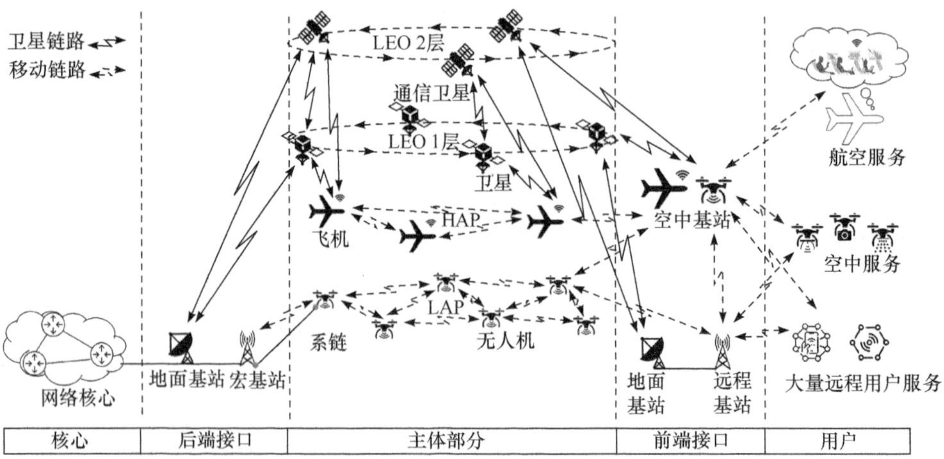

图 2.3　6G 时代空中无线电接入网的基础架构

低轨道地球卫星（low earth orbit satellite，LEO），平流层高空平台（high altitude platform，HAP），局域网接入点（LAN access point，LAP）

2.2　客户端与服务器

2.2.1　Internet 发展简史

Internet 中文译名是“因特网”，它起源于 20 世纪 60 年代末美国的五角大楼，前身是美国国防部高级研究计划局（Advanced Research Projects Agency，ARPA）建设的一个军用网，称为“阿帕网”（ARPAnet）。阿帕网于 1969 年正式启用，当时仅连接了四台计算机，供科学家进行计算机联网实验用。1972 年，B. 卡恩在国际计算机通信大会（International Computer Communication Conference，ICCC）上成功地组织了一次大型的 ARPAnet 演示，这个新网络技术首次公开露面。同年，以 V. 瑟夫为首的互联网工作组（Internet Working Group，INWG）宣告成立，其目的是建立互联网通信协议（TCP/IP）。

回顾我国 Internet 的发展，大约经历了四个阶段。第一阶段在 1987～1993 年，我国开通了通达世界的 Internet 电子邮件链接；第二阶段在 1994～1999 年，我国正式开通了与 Internet 专线链接，实现了和 Internet 的 TCP/IP 链接，从而可向中国国家计算机与网络设施(The National Computing and Networking Facility of China, NCFC)的各成员组织提供 Internet 全功能服务；第三阶段在 2000～2018 年，经历了萌芽、培育成长、高速发展和全面发展几个阶段，移动互联网促进了数字经济的发展；第四阶段在 2019 年至今，以 5G 牌照的发放为标志，工业互联网将促进经济数字转型。

2.2.2　C/S 模式和 B/S 模式

服务器有客户端/服务器（client/server, C/S）和浏览器/服务器（browser/server, B/S）模式。C/S 模式采用两层架构，其客户端包含一个或多个在用户计算机上运行的程序，而服务器端有两种，一种是数据库服务器端，客户端通过数据库连接访问服务器端的数据；另一种是 Socket 服务器端，服务器端的程序通过 Socket 与客户端的程序通信。C/S 模式的优点包括界面操作丰富、安全性容易保证、响应速度快等。

B/S 模式采用浏览器、Web 服务器和数据库三层架构，其主要事务逻辑在服务器端实现，显示逻辑交给浏览器，这样就避免了庞大的胖客户端，减小了客户端的压力，同时容易实现前端和后端的分离。B/S 模式的优点包括系统维护简单、业务扩展方便、数据共享容易等。B/S 模式有多种实现方式[26]，如客户端/服务器/数据库、客户端/Web 服务器/应用服务器/数据库、客户端/负载均衡器（Nginx）/中间服务器（Node）/应用服务器/数据库，下面简要讨论它们的工作原理。

在客户端/服务器/数据库模式中，客户端向服务器发起超文本传输协议（hypertext transfer protocol，HTTP）请求；服务器中的 Web 服务层能够处理 HTTP 请求；服务器中的应用层部分调用业务逻辑上的方法；若有必要，则服务器会和数据库进行数据交换，然后将模板+数据渲染成最终的 HTML，返送给客户端，如图 2.4 所示。在客户端/Web 服务器/应用服务器/数据库模式中，客户端向 Web 服务器发起 HTTP 请求；Web 服务器能够处理 HTTP 请求，并且调用应用服务器暴露在外的 RESTFUL 接口；应用服务器的 RESTFUL 接口被调用，会执行对应的暴露方法，若有必要和数据库进行数据交互，则应用服务器会和数据库进行交互，然后将 json 数据返回给 Web 服务器；Web 服务器将模板+数据组合渲染成 HTML 返回给客户端，如图 2.5 所示。这种模式的最大特点是 Web 服务和应用服务解耦。在客户端/负载均衡器（Nginx）/中间服务器（Node）/应用服务器/数据库模式中，暴露在外的不是真正 Web 服务器的地址，而是负载均衡器的地址；客户端向负载均衡器发起 HTTP 请求；负载均衡器能够将客户端的 HTTP 请求均匀地转发给 Node 服务器集群；Node 服务器接收到 HTTP 请求之后，能够对其进行解析，并且能够调用应用服务器暴露在外的 RESTFUL 接口；应用服务器的 RESTFUL 接口被调用，会执行对应的暴露方法，若有必要和数据库进行数据交互，则应用服务器会和数据库进行交互，然后将 json 数据返回给 Node 服务器；Node 层将模板+数据组合渲染成 HTML 返回反向代理服务器；反向代理服务器将对应 HTML 返回给客户端。Nginx 的优点包括能够承受高并发的大量请求、解决跨域引起的问题且擅长处理静态资源（img、css、js、video）等，如图 2.6 所示。

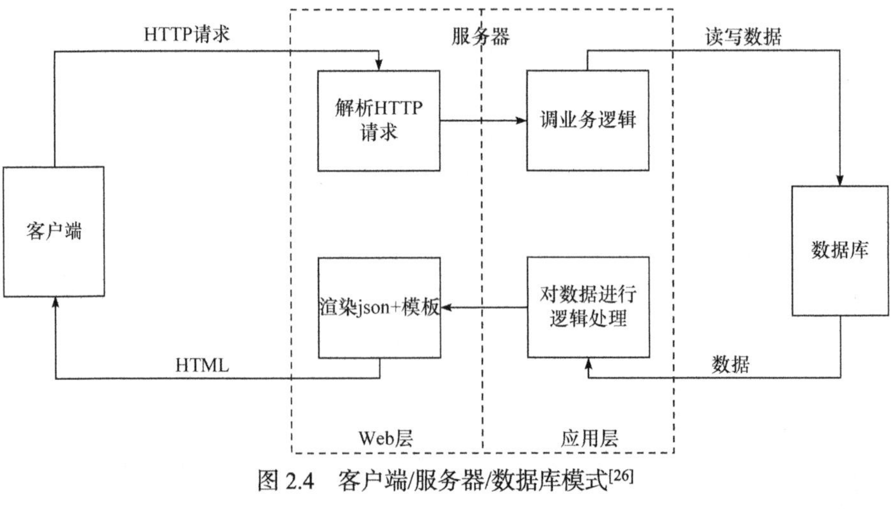

图 2.4　客户端/服务器/数据库模式[26]

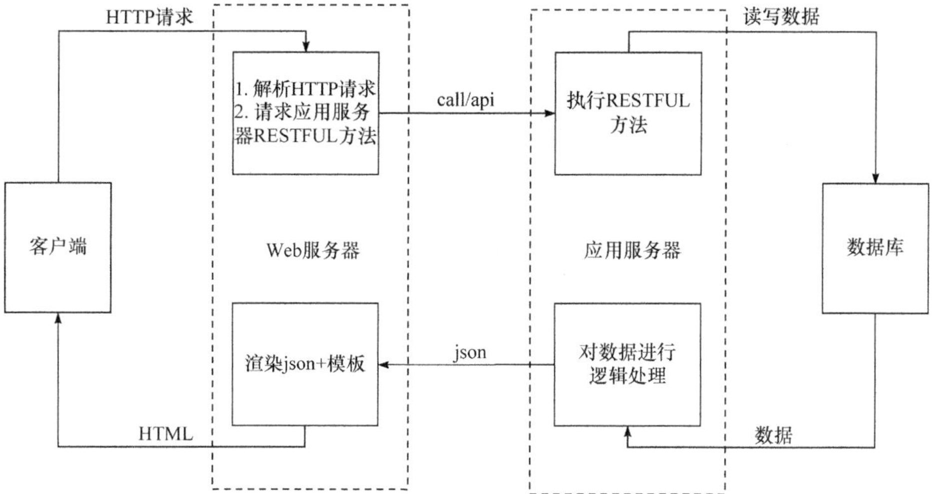

图 2.5　客户端/Web 服务器/应用服务器/数据库模式[26]

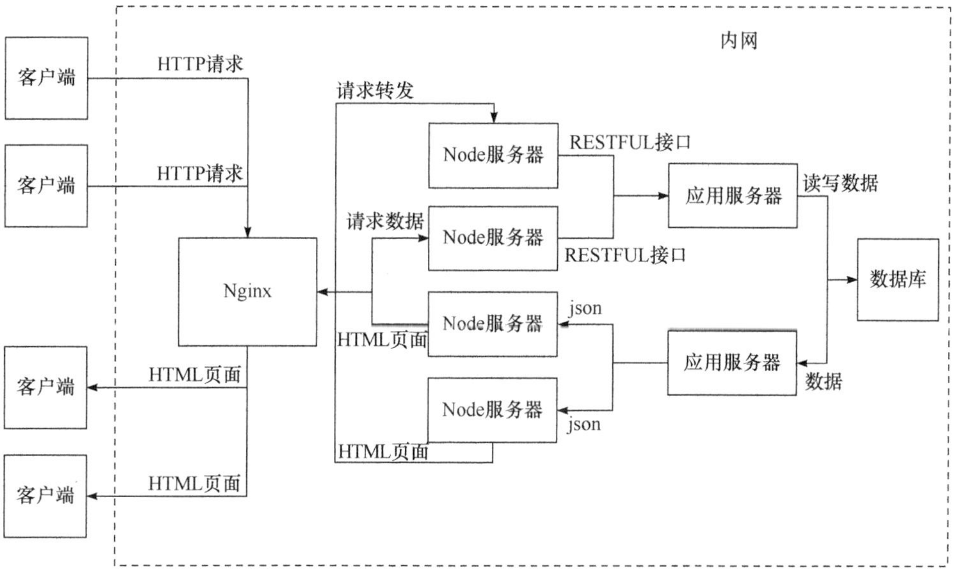

图 2.6　客户端/负载均衡器（Nginx）/中间服务器（Node）/应用服务器/数据库模式[26]

2.2.3　服务器

服务器是计算机或智能设备，包括硬件和软件，由中央处理器(central processing unit，CPU)、输入/输出（input/output，I/O）接口、网络和存储系统等组成；软件包括文件服务器、数据库服务器、邮件服务器、Web 服务器、文件传送协议（file transfer protocol，FTP）服务器、应用服务器和代理服务器等。对于不同类型的应用，服务器的性能和价格差别非常大。若单台服务器的性能不能满足要求，则可以由多台服务器构成集群提供云服务，如阿里云[27]或 OpenStack 私有云[28]；若用户不想自己维护服务器，则可以租用云平台上的计算和存储资源。下面介绍基于 Python[29]自带 HTTP 服务器的使用案例。

首先，在 PC 上安装 Python3，编写如下网页代码并保存为 HTML 文件；其次，在该文件目录下打开命令窗口，运行“python-m http.server 8090”，启动 HTTP 服务器；最后，在浏览器中输入网址“127.0.0.1:8090”，即可通过 HTTP 服务器访问该网页，结果如图 2.7 所示。

```
<meta http-equiv="Content-Type" content="text/html;
charset=utf-8" />
<html>
<head><title>这是我的第一个 html</title></head>
<body>
云南大学无线创新实验室
</body>
</html>
```

图 2.7 通过 HTTP 服务器访问网页结果

这可能是最简单的服务器和网页代码。事实上，技术类的内容只要读者愿意花时间研究，再加上优秀的资料，读者肯定可以很快学会。

2.3 Web

2.3.1 Web 基础

Internet 在 20 世纪 60 年代就诞生了，为什么没有迅速流传开来呢？很重要的原因是连接到 Internet 需要经过一系列复杂的操作，网络的权限也很分明，而且网上内容的表现形式极度单调枯燥。1990 年 12 月 25 日，蒂姆 · 伯纳斯 · 李（Tim Berners-Lee）在欧洲原子核研究中心（European Organization for Nuclear Research，EONR）第一次成功通过 Internet 实现了 HTTP 与服务器的通信，开创了万维网（world wide web，WWW）时代。2017 年，他因“发明了万维网、第一个浏览器和使万维网得以扩展的基本协议和算法”获得 2016 年度的图灵奖。

万维网，即 Web，是一种通过超文本方式，把网络上不同计算机内的信息有机地结合在一起，并且通过 HTTP 协议可以从一台 Web 服务器转到另一台 Web 服务器上检索信息。同时，Web 服务器能发布图文并茂的信息，甚至在软件支持的情况下还可以发布音频和视频信息；Internet 的许多其他功能，如 E-mail、Telnet、FTP、广域信息服务（wide area information service，WAIS）都可以通过 Web 实现。可以这样说，万维网作为世界通用的互联网平台，用户多、使用方便，因此改变了世界。Web 基础与编程，读者可以参考 Web 菜鸟教程[30]。

2.3.2　Web 标准

Web 标准由万维网联盟（World Wide Web Consortium，W3C）制定，采用 Web 标准[30]的好处有：对于浏览器开发商和 Web 程序开发人员，在开发新的应用程序时遵守指定的标准更有利于 Web 更好地发展；开发人员按照 Web 标准制作网页，这样对于开发者就更加简单，因为他们可以很容易了解彼此的编码；使用 Web 标准，将确保所有浏览器正确显示网站而无须费时重写；遵守标准的 Web 页面可以使搜索引擎更容易访问，也可以更容易转换为其他格式，并更容易访问程序代码（如 JavaScript 和 DOM）。最重要的 W3C 标准有 HTML、CSS、XML、XSL 和 DOM，Web 菜鸟教程是学习 Web 开发的标准网络资料，2.2 节和 2.3 节介绍了 Web 标准和 Web 系统开发等内容，更详细的内容可参考菜鸟教程网站[30]。

超文本标记语言（hypertext markup language，HTML）是一种用于创建网页的标准标记语言。开发者可以使用 HTML 来建立自己的 Web 站点，HTML 运行在浏览器上，由浏览器解析，典型的 HTML 实例如下：

```
<!DOCTYPE html>
<html>
<head>
<meta charset="utf-8">
<title>菜鸟教程(runoob.com)</title>
</head>
<body>
<h1>我的第一个标题</h1>
<p>我的第一个段落。</p>
</body>
</html>
```

串联样式表（cascading style sheets，CSS）中样式定义如何显示 HTML 元素，样式通常存储在样式表中，把样式添加到 HTML 4.0 中，是为了解决内容与表现分离的问题。外部样式表可以极大地提高工作效率，通常存储在 CSS 文件中，多个样式定义可层叠为一个，下面是典型的 CSS 实例：

```
body
{
    background-color:#d0e4fe;
}
h1
{
    color:orange;
    text-align:center;
}
p
{
    font-family:"Times New Roman";
    font-size:20px;
}
```

可扩展标记语言（extensible markup language，XML）设计出来用于传输和存储数据，典型的 XML 实例如下：

```
<?xml version="1.0" encoding="UTF-8"?>
    <note>
<to>Tove</to>
<from>Jani</from>
<heading>Reminder</heading>
<body>Don't forget me this weekend!</body>
   </note>
```

扩展样式表语言（extensible stylesheet language，XSL）是一个 XML 文档的样式表语言。XSLT 指 XSL 转换，例如，采用 XSLT 将 XML 文档转换为其他文档（如 XHTML），典型的 XSLT 实例如下：

```
<?xml version="1.0"?>
<xsl:stylesheet version="1.0"
xmlns:xsl="http://www.w3.org/1999/XSL/Transform">
<xsl:template match="/">
<html>
```

```
<body>
<h2>My CD Collection</h2>
<table border="1">
<tr bgcolor="#9acd32">
<th>Title</th>
<th>Artist</th>
</tr>
<xsl:for-each select="catalog/cd">
<tr>
<td><xsl:value-of select="title"/></td>
<td><xsl:value-of select="artist"/></td>
</tr>
</xsl:for-each>
</table>
</body>
</html>
</xsl:template>
</xsl:stylesheet>
```

文档对象模型（document object model，DOM）是一种处理 HTML 和 XML 文件的应用程序接口（application programming interface，API），DOM 提供对整个文档的访问模型，将文档作为一个树形结构，树的每个节点表示一个 HTML 标签或标签内的文本项；它与平台和语言无关，可以动态地访问程序和脚本，更新其内容、结构和 WWW 文档的风格。下面给出采用 JavaScript 访问和操作的 HTML DOM 对象，使用 document.write（ ）输出文本的例子：

```
<!DOCTYPE html>
<html>
<body>
<script type="text/javascript">
document.write("Hello World!")
</script>
</body>
</html>
```

代码运行结果为

```
Hello World!
```

2.3.3 Web 系统开发

学习 Web 系统开发，首先应该掌握 Web 编程语言 JavaScript（网页行为），下面结合 HTML（定义网页内容）和 CSS（描述网页布局），介绍 JavaScript 的用法。

（1）<script>标签：如需在 HTML 页面中插入 JavaScript，请使用<script>标签；<script>和</script>会控制 JavaScript 在何处开始和结束；<script>和</script>之间的代码行包含了 JavaScript。

```
<script>
alert("我的第一个 JavaScript");
</script>
```

（2）<body>中的 JavaScript，在本例中，JavaScript 会在页面加载时向 HTML 的<body>写文本。

```
<!DOCTYPE html>
<html>
<body>
.
.
<script>
document.write("<h1>这是一个标题</h1>");
document.write("<p>这是一个段落</p>");
</script>
.
.
</body>
</html>
```

（3）<head>中的 JavaScript 函数，在本例中，将把一个 JavaScript 函数放置到 HTML 页面的<head>部分，该函数会在点击按钮时被调用。

```
<!DOCTYPE html>
<html>
<head>
<script>
```

```
function myFunction()
{
    document.getElementById("demo").innerHTML="我的第一个
    JavaScript 函数";
}
</script>
</head>
<body>
<h1>我的 Web 页面</h1>
<p id="demo">一个段落</p>
<button type="button" onclick="myFunction()">尝试一下</
button>
</body>
</html>
```

（4）<body>中的 JavaScript 函数，在本例中，将把一个 JavaScript 函数放置到 HTML 页面的<body>部分，该函数会在点击按钮时被调用。

```
<!DOCTYPE html>
<html>
<body>
<h1>我的 Web 页面</h1>
<p id="demo">一个段落</p>
<button type="button" onclick="myFunction()">尝试一下</
button>
<script>
function myFunction()
{
    document.getElementById("demo").innerHTML="我的第一个
    JavaScript 函数";
}
</script>
</body>
</html>
```

（5）外部的 JavaScript 也可以把脚本保存到外部文件中，外部文件通常包含被多个网页使用的代码，文件扩展名为“.js”，若需使用外部文件，则应在<script>标签的“src”属性中设置该文件。

```
<!DOCTYPE html>
<html>
<body>
<script src="myScript.js"></script>
</body>
</html>
```

编程者可以将脚本放置于<head>或者<body>中，放在<script>标签中的脚本与外部引用的脚本运行效果完全一致，“myScript.js”文件代码如下：

```
function myFunction()
{
   document.getElementById("demo").innerHTML="我的第一个
   JavaScript 函数";
}
```

有了上述基础后，就可以利用 Web 框架进行系统开发，Django 是一个基于 Python 开放源代码的 Web 应用框架。本书从第 3 章开始将结合无线电监管案例介绍 Web App 系统开发。

2.4 移动互联网及其应用

2.4.1 移动互联网基础

移动互联网是互联网的技术、平台、商业模式和应用与移动通信技术结合并实践的活动总称，是一个全国性的、以宽带 IP 为技术核心，可同时提供语音、传真、数据、图像、多媒体等高品质电信服务的新一代开放的电信基础网络，由运营商提供无线接入，互联网企业提供各种成熟的应用。移动互联网将当今世界发展最快、市场潜力最大、前景最诱人的移动通信和互联网两大业务结合起来，促进了数字经济的发展，改变了人们的生活、学习和交流方式，将人类带入了移动互联网时代。移动互联网的关键技术、知识体系、产业链、体系架构及热点应用见文献[31]。

2.4.2 移动互联网应用

手机无线上网的比例已接近 100%，全球已进入“非无线，不网络”的时代。当今时代，移动互联网应用已成为人们生活、学习和交流的必需品，App 应用无所不在。为规范 App 个人信息收集行为，保障公民个人信息安全，国家互联网信息办公室研究起草了《常见类型移动互联网应用程序（App）必要个人信息范围（征求意见稿）》[32]，文件规定了地图导航、网络约车、即时通信等 38 类常见类型 App 必要个人信息范围。读者可以从文件中进一步了解移动互联网应用的广泛性，下面是 38 类常见类型 App 的基本功能服务。

（1）地图导航类：定位和导航服务。

（2）网络约车类：预约汽车出行服务。

（3）即时通信类：提供文字、图片、语音、视频等即时通信服务。

（4）网络社区类：博客、论坛、社区等话题讨论、信息分享和关注互动服务。

（5）网络支付类：收款人或付款人依托公共网络远程发起支付指令，由支付机构提供货币资金转移服务（如支付、提现、转账等）。

（6）网上购物类：购买商品服务。

（7）餐饮外卖类：购买餐饮服务。

（8）快递物流类：包裹、印刷品等物品的快递寄收件服务。

（9）交通票务类：交通相关的票务服务及行程管理（如票务购买、改签、退票、行程管理等）服务。

（10）婚恋相亲类：婚恋相亲服务。

（11）求职招聘类：职位信息查询和求职简历投递服务。

（12）网络借贷类：通过互联网平台实现的个人消费贷款服务。

（13）房屋租售类：个人房源信息发布、房屋出租或买卖服务。

（14）二手车交易类：二手车买卖服务。

（15）问诊挂号类：在线问诊、挂号服务。

（16）旅游服务类：旅游产品订购服务。

（17）酒店服务类：酒店预订服务。

（18）网络游戏类：通过网络提供游戏产品和服务。

（19）学习教育类：在线辅导、网络课堂等服务。

（20）本地生活类：家政维修、家居装修、二手闲置物品交易等日常生活服务。

（21）女性健康类：女性经期管理、备孕育儿、美容美体等健康管理服务。

（22）用车服务类：共享单车、共享汽车、租赁汽车等服务。

（23）投资理财类：股票、期货、基金、债券等相关投资理财服务。

（24）手机银行类：通过手机等移动智能终端设备进行银行账户管理、信息查询、转账汇款等服务。

（25）邮箱云盘类：邮箱、云盘等服务。

（26）远程会议类：通过网络提供音频或视频会议服务。

（27）网络直播类：向公众持续提供实时视频、音频、图文等形式信息服务。

（28）在线影音类：影视、音乐播放和下载服务。

（29）短视频类：不超过一定时长的视频搜索、播放服务。

（30）新闻资讯类：新闻资讯的浏览、搜索服务。

（31）运动健身类：运动记录、健身管理等服务。

（32）浏览器类：浏览互联网信息资源服务。

（33）输入法类：文字、符号等输入服务。

（34）安全管理类：查杀病毒、清理恶意插件、修复漏洞、清理优化、骚扰拦截、权限管理等服务。

（35）电子图书类：电子图书阅读服务。

（36）拍摄美化类：拍摄、美颜、滤镜等服务。

（37）应用商店类：App 下载和管理服务。

（38）实用工具类：日历、天气、词典翻译、计算器、遥控器、手电筒、指南针、时钟闹钟、文件传输、文件管理、壁纸铃声、截图录屏、录音、协同办公等服务。

2.5 人工智能

2.5.1 神经网络

神经网络包括生物神经网络和人工神经网络。生物神经网络指由生物的大脑神经元、细胞、触点等组成的网络，用于产生生物的意识，帮助生物进行思考和行动；人工神经网络（artificial neural networks，ANN）简称神经网络或连接模型（connection model），是一种模仿动物神经网络行为特征，进行分布式并行信息处理的算法数学模型，它通过调整内部大量节点之间相互连接的关系，从而达到处理信息的目的。在神经网络中，神经元（neuron）是构成神经网络的基本单元，其主要目的是模拟生物神经元的结构和特征，接收一组输入信号并产生输出，典型神经元的结构如图 2.8 所示。自 1943 年心理学家 McCulloch 和数学家 Pitts 提出 M-P 模型（McCulloch-Pitts model）以来[33]，现代神经网络中神经元和 M-P 模型神经元的结构并无太多变化，不同的是 M-P 模型神经元中的激活函数 f 为 0 或 1 的阶跃函数，而现代神经元的激活函数通常要求是连续可导的函数。

假设一个神经元接收 D 个输入 $x_1,x_2,\cdots,x_D$，令向量 $x=[x_1,x_2,\cdots,x_D]$ 来表示这

组输入，并用净输入（net input）$z \in \mathbb{R}$ 表示一个神经元所获得的输入信号 x 的加权和，即

$$z = \sum_{d=1}^{D} w_d x_d + b = w^{\mathrm{T}} x + b$$

式中，$w = [w_1, w_2, \cdots, w_D] \in \mathbb{R}^D$ 为 D 维的权重向量；$b \in \mathbb{R}$ 为偏置。净输入 z 在经过一个非线性函数 $f(\cdot)$ 后，得到神经元的活性值（activation）a，且 $a = f(z)$，其中非线性函数 $f(\cdot)$ 称为激活函数（activation function）。激活函数在神经元中非常重要，常见的激活函数包括 Sigmoid 函数、Tanh 函数、Hard-Logistic 函数、Hard-Tanh 函数、ReLU 函数和 Swish 函数等。

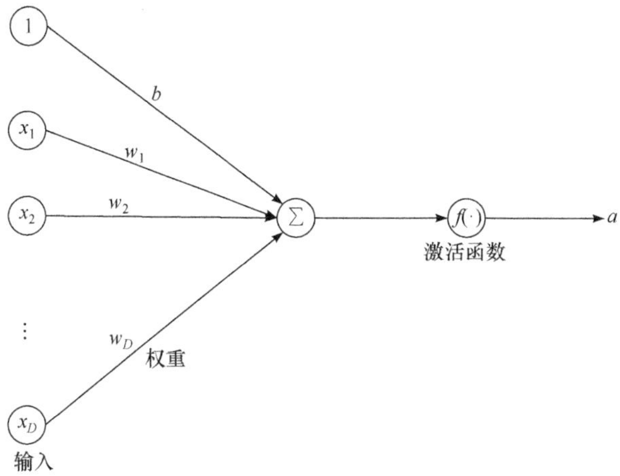

图 2.8　典型神经元的结构

单一神经元的功能远远不够，需要通过很多神经元一起协作来完成复杂的功能，这样通过一定的连接方式或信息传递方式进行协作的神经元集群就构成了神经网络。目前，常见的神经网络结构包括前馈网络、记忆网络和图网络。前馈网络中各个神经元按接收信息的先后分为不同的组，每一组可以看成一个神经层，每一层中的神经元接收前一层神经元的输出，并输出到下一层神经元，整个网络中的信息是朝一个方向传播，没有反向的信息传播，前馈网络的典型代表是前馈神经网络（feedforward neural network，FNN）或多层感知机（multi-layer perception，MLP）和卷积神经网络（convolutional neural networks，CNN）；记忆网络称为反馈网络，网络中的神经元不但可以接收其他神经元的信息，也可以接收自己的历史信息，和前馈网络相比，记忆网络中的神经元具有记忆功能，在不同的时刻具有不同的状态，记忆网络中的信息传播可以单向或双向传递，记忆网络的典型代表是递归神经网络（recurrent neural network，RNN）、长短期记忆（long short-term memory，LSTM）网络、Hopfield 网络、玻尔兹曼机（Boltzmann machine，BM）；

图网络是定义在图结构数据上的神经网络，图中每个节点都由一个或一组神经元构成，节点之间的连接可以是有向的，也可以是无向的，每个节点可以收到来自相邻节点或自身的信息，图网络是前馈网络和记忆网络的泛化，包含很多不同的实现方式。

2.5.2 人工智能基础

人工智能（artificial intelligence，AI）是研究、开发用于模拟、延伸和扩展人的智能的理论、方法、技术及应用系统的一门新的技术科学。AI 研究内容包括机器学习（machine learning）、表示学习（representation learning）和深度学习（deep learning）。机器学习就是让计算机从数据中进行自动学习，以获得知识或规律，研究方向主要包括决策树、随机森林、人工神经网络、贝叶斯学习等[34]；表示学习的目标就是学习数据的有效特征，以提高机器学习模型的性能；深度学习[35]是学习样本数据的内在规律和表示层次，这些学习过程中获得的信息对文字、图像和声音等数据的解释有很大的帮助，深度学习在上述领域的成功应用使连接主义学派思想目前占据绝对优势。

人工智能研究内容中，尤其是深度学习，虽然目前取得了巨大的成功，某些应用场景甚至超过了人类，然而至少有以下几点制约了人工智能的进一步发展。首先，深度学习的可解释性差，是一种黑箱模型；其次，虽然连接主义学派认为神经网络模拟了人类思维，但实际上人类是采用知识驱动的方式学习的，例如，若有人告诉小朋友斑马是具有白色条纹的马，则小朋友第一次见到这种“马”同样可以识别出是斑马，因此采用特征或知识驱动方式学习可解释性好、效率高；最后，人类目前积累的知识，尤其是数学和物理学，是用符号表示的，符号表示知识进行逻辑推理时效率更高。

2.5.3 新一代人工智能

为抓住人工智能发展的重大战略机遇，世界主要国家都制定了新一代人工智能发展规划，例如，2017 年 7 月 8 日，国务院发布了《新一代人工智能发展规划》[36]，目的是加快建设创新型国家和世界科技强国，其中，重点任务明确：构建开放协同的人工智能科技创新体系；培育高端高效的智能经济；建设安全便捷的智能社会；加强人工智能领域军民融合；构建泛在、安全、高效的智能化基础设施体系；前瞻布局新一代人工智能重大科技项目。因此，随着人工智能重大科技项目的落地，新一代 AI 将改变生活、改变世界。

第 3 章　App 与 Web App 框架

3.1　App

3.1.1　App 简介

App 是应用程序（application）的缩写，更流行的中文名称为手机软件，主要指安装在智能手机上的软件，完善原始系统的不足，增强个性化应用，是手机为用户提供更丰富使用体验的主要手段。根据手机 App 安装来源不同，可分为手机预装软件和用户安装的第三方应用软件。手机预装软件一般指手机出厂自带或第三方刷机渠道预装到消费者手机当中，且消费者无法自行删除的应用或软件。除了手机预装软件，还有用户从手机应用市场下载安装的第三方应用软件，下载类型主要集中在社交社区类软件[37]。

App 开发有三个主流方向：原生 App（native App）[38]、移动 Web App 和 Hybrid App[39]。原生 App 基于智能手机本地操作系统运行，具有访问和兼容能力比较好的优点，可以支持在线、离线消息推送或是进行本地资源访问以及摄像、拨号、蓝牙功能的调取。同时，原生 App 开发有许多优势，例如，原生 App 是针对不同的平台为用户提供不同的体验，原生应用可以节约宽带成本，访问本地资源、打开的速度更快，并为用户提供最佳的用户体验和优质的用户界面等。如今市面上多数 App 软件开发都是使用原生程序编写的应用程序，也就是说，大部分的手机 App 属于原生 App 应用软件。移动 Web App 是一种基于 HTML5 App 框架开发模式开发的 App，具有跨平台的优势，该模式通常由 HTML5 云网站和 App 应用客户端两部分构成，App 应用客户端只需安装应用的框架部分，而应用的数据是每次打开 App 的时候，去云端取数据呈现给手机用户。Hybrid App 以 JS+Native 两者相互调用为主，从开发层面实现“一次开发，多处运行”的机制，成为真正适合跨平台的开发。同时，Hybrid App 兼具了原生 App 良好用户体验的优势，也兼具了移动 Web App 使用 HTML5 跨平台开发低成本的优势。目前，已经有众多 Hybrid App 开发成功应用，如美团、爱奇艺、微信等知名移动应用，都是采用 Hybrid App 开发模式。

3.1.2　原生 App 和移动 Web App 的区别

原生 App 和移动 Web App 的区别主要体现在开发、功能和版本控制三方面，下面逐一进行介绍。

开发方面：①原生 App 针对每一种移动操作系统都需要进行独立的项目开发，如 iPhone 版本、iPad 版本和安卓（Android）版本；每种平台都需要独立的开发语言，如 Java（Android）、Objective-C（iOS）等，需要使用各自的软件开发包、开发工具以及控件。②原生 App 开发成本高、开发速度慢、维护成本高；三个平台（iOS、安卓、Windows）的规则、推广、运营都不相同；官方应用商店对原生 App 上线审核流程比较复杂而且很慢，会严重影响原生 App 的发布上线时间。③移动 Web App 运行在移动设备的浏览器上，所以只需要一个开发项目；可以通过 HTML、CSS 或者 JavaScript 来进行移动 Web App 的开发；开发成本低、速度快。

功能方面：①原生 App 是一个系统性的应用程序，可以类比于计算机上的软件；原生 App 可以调用移动终端的硬件设备，如麦克风、摄像头、短信、GPS、蓝牙、重力感应等，实现功能丰富。②移动 Web App 可以类比于计算机上的网页，移动 Web App 更多是页面展示类的 App，只能使用有限的移动硬件设备功能；移动 Web App 更多用于页面展示，侧重于简单的交互，无法使用很多硬件设备独特的功能。

版本控制方面：①原生 App 用户可以自由地选择是否更新软件版本，所以会出现不同用户同时使用不同版本的情况；同时，也会导致维护成本比较高，使用旧版本的用户无法体验新版本的完整功能。②移动 Web App 所有的用户都是用同样的版本，所有用户获得的功能都是相同的；移动 Web App 版本更新比较方便，直接在服务器侧更新数据即可，一个功能做好后就能上线，一天更新几十次都毫无压力，如果客户端只是个浏览器，那么一切都会变得很简单。③移动 Web App 统一性高，跨平台使用时开发量小；由于其入口不明显（浏览器导航或者随意点击链接进入），让用户记住的门槛也随之拔高，每次推广导入的流量都可能沦为一次性努力，用户留存率低。

通过以上方面可以看出：对于新手和在校学生，需要一个入门简单、成本较低的开发手段，所以选择移动 Web App 作为一个主要开发手段是明智的。移动 Web App 偏向于浏览和简单的交互；原生 App 偏向于交互，注重用户体验（导航切换、勾选选项、图片、视频等操作）。对于公司和组织机构，偏向于选择原生 App，成本有限时，核心的功能使用原生 App，周边辅助的功能可以使用移动 Web App，例如，一些功能需要访问硬件（摄像头、传感器等）时使用原生 App，移动 Web App 用于信息展示。目前，比较流行的方法就是将原生 App 和移动 Web App 进行融合，就是说应用大的框架是原生的，其他详细的内容就通过网页封装，这样做的优点是在方便更新的同时，也能保证核心功能的交互体验[40]。

除原生 App 和移动 Web App，目前还有性能位于两者之间的 Hybrid App 开发方式，三者的比较如表 3.1 所示。

表 3.1　三种移动应用开发方式的具体比较[39]

特性	原生 App	Hybrid App	移动 Web App
开发语言	只用 Native 开发语言	使用 Native 和 Web 开发语言或只用 Web 开发语言	只用 Web 开发语言
代码移植性和优化	无	高	高
访问针对特定设备的特性	高	中	低
充分利用现有知识	低	高	高
高级图形	高	中	中
升级灵活性	低，总通过应用商店升级	中，部分更新可不通过应用商店升级	高
安装体验	高，从应用商店安装	高，从应用商店安装	中，通过移动浏览器安装

3.2　Web App 框架

Web App 的制作主要包括 Python 后端、Django Web 前端、Fusion App 手机端三部分。主要操作是通过 Python Django 工程做一个完整的 Web 工程，然后通过手机端 Fusion App，将获取网页打包成手机客户端（App），Fusion App 下载地址为 https://www.coolapk.com/apk/cn.coldsong.fusionapp。

3.2.1　Fusion App 基础用法介绍

首先下载安装 Fusion App，点击进入工程界面，里面会包含所有的历史工程，如图 3.1 所示，点击图中右下角加号图标即可创建新的工程，进入后可以选择几个简单的初始界面模板，各个模板都有自己的组件介绍，如图 3.2 所示。

选择完模板以后，就可以进入工程编辑界面，顶栏工程编辑右边两个图标分别为工程运行按钮（三角形）和工程打包按钮（三个点），如图 3.3 所示。

再往下有三个顶部控件栏，分别为配置、组件和属性，如图 3.4 所示。

现在先介绍配置栏里面的内容，第一块包括 App 的图标、应用名、包名、版本名和内部版本号，这些都可以进行编辑和更改，如图 3.5 所示。

图 3.1　Fusion App 工程界面

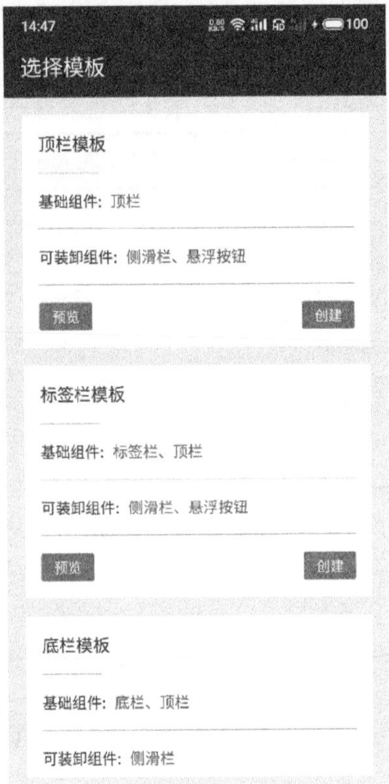

图 3.2　模板组件介绍

图 3.3　工程编辑界面

图 3.4　控件栏

图 3.5　配置栏

第二块是通用控制模块，里面包括横屏、显示状态栏和启用启动图三个开关，如图 3.6 所示。横屏打开效果是进入 App 显示自动横屏；显示状态栏打开效果是在进入 App 后会显示手机最上面的状态栏，若关闭，则不会显示状态栏（手机的电量、时间等信息显示的那一栏）；启用启动图点击打开时先选择一张图片作为启动图，在进入 App 时会有一个启动画面，这个画面展示的就是启动图。

图 3.6　通用控制模块

第三块是浏览器配置模块，这个模块包含启动网页、浏览器标识、支持打开外部应用、启用进度条和网页沉浸，如图 3.7 所示。启动网页里面可以填写网址或者统一资源定位符（uniform resource locator，URL），通过启动网页可以确定 App 进去的初始界面；支持打开外部应用开启表示 App 可以通过界面里的各种功能打开手机上的其他 App 应用，反之则不支持打开外部应用；启用进度条打开，在 App 里界面跳转时界面上方会显示一个跳转的进度条；网页沉浸打开应用组件会跟随网页颜色自动变换。

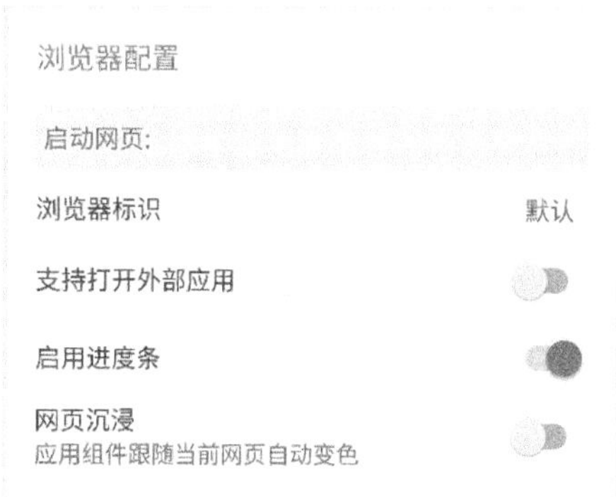

图 3.7　浏览器配置模块

第四块是网页控制模块，如图 3.8 所示。该模块可以在里面添加要处理的网页，点击后会有两个填写栏，上面填写网页的地址，下面填写要禁用的网页元素（如类名 class、ID 等），填写后就可以使这些网页元素失效，从而达到屏蔽网页内广告及其他网页元素的效果。

图 3.8　网页控制模块

第五块是子页面模块，如图 3.9 所示。其点击效果和前面创建工程的效果相同，唯一区别是新建工程不能被调用，而子页面创建的页面可以被本工程调用。

图 3.9 子页面模块

自定义事件模块和全局 JavaScript 模块的工程编辑界面全图如图 3.10 所示。

图 3.10　工程编辑界面全图

组件栏是指 App 通过组件（类似于网页里的按钮、链接等功能图标）来编辑事件从而达到设置 App 里面各个组件功能的界面。组件的样式很多，这里只介绍部分组件的设置。组件根据在 App 界面中的位置可以分为顶栏、底栏和侧滑栏，通过名字即可知道这些菜单栏的含义。后面所有的功能设置都需要设置图标或者名称以及点击事件，例图如图 3.11 所示。

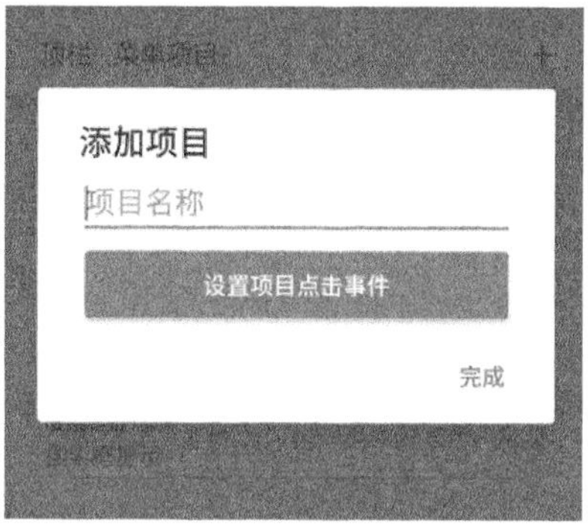

图 3.11　菜单项目例图

先介绍底栏项目模块，它包含四个项目，可以通过底栏项目右边的两个图标来删除或者添加底栏项目。添加底栏项目需要选择图标、填写网址或者 URL 来设置点击底栏项目各个图标跳转的页面，例图如图 3.12 所示。

图 3.12　底栏项目模块例图

由于顶栏添加的功能比较复杂，可以将顶栏上的组件分成顶栏菜单栏、顶栏搜索栏和顶栏图标。顶栏菜单栏就是在顶栏上可以设置一个组件，当用户点击这个图标时会出现一个单选框，这个框里的内容、点击效果都是在设置顶栏菜单栏时先设置好的，顶栏菜单栏项目图标如图 3.13 所示。

图 3.13　顶栏菜单栏项目图标

顶栏搜索栏功能在 Fusion App 上已写，这里强调搜索 URL 这一栏填写网页搜索时在地址栏里将等号后面换成%s 以后的 URL，如图 3.14 所示。

图 3.14　顶栏搜索栏

顶栏图标按钮可以在顶栏设置一个图标并为图标设置一个点击事件，如图 3.15 所示。

图 3.15　顶栏图标按钮

侧滑栏是指在界面右边的菜单栏，可以通过下面的侧滑栏配置来进行启用和设置，例图如图 3.16 所示。

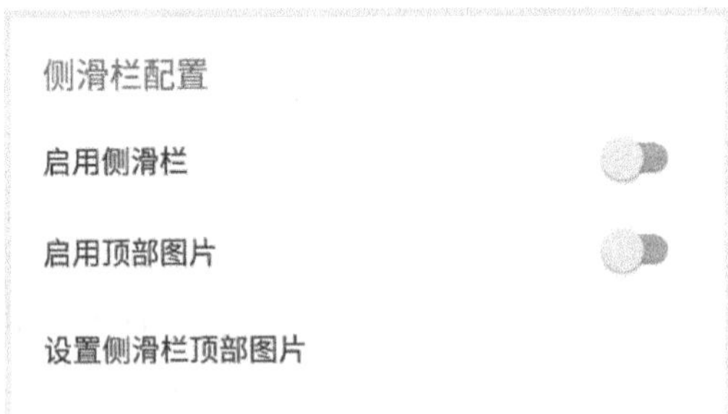

图 3.16　侧滑栏配置例图

通过侧滑栏列表项目可以在侧滑栏中添加项目，为项目设置点击事件，如图 3.17 所示。

图 3.17　侧滑栏列表项目

组件栏界面例图如图 3.18 所示。

图 3.18　组件栏界面例图

最后一栏是属性栏，其功能很简单，就是设置前面组件栏里的各个组件的基本属性，包括字体大小、颜色，各个菜单栏颜色、高度、宽度以及图标大小等属性，例图如图 3.19 所示。通过前面的讲解发现 Fusion App 只对网页进行操作，相当于通过 Fusion App 制作一个外壳，然后获取网页界面封装成一个手机客户端（手机 App），给人的感觉是不需要写代码就能完成一个简单的 Web App。实际上，这是因为 Fusion App 将各种功能封装在了组件里面，若自己想设计 App 界面和功能，则可以通过编程的方式设计，这里就要用到前面提到的自定义事件，如图 3.20

所示。自定义事件包括程序启动、网页即将加载、网页加载完毕以及收到新标题按钮，实际上是代表时间，例如，程序启动代表程序启动时执行的代码，可通过点击程序启动按钮进入程序启动事件编辑界面，编写事件代码，如图 3.21 所示。该程序使用的是 Lua 语言，这是一种基于 C/C++的脚本语言，所以想要进行更深度的 App 学习，就要会使用 Lua 语言进行编程。

图 3.19　属性界面例图

图 3.20　自定义事件

图 3.21　程序启动事件 Lua 语言代码

3.2.2　Androlua+介绍

若只是想将网页进行简单的封装，则可以使用 Fusion App，操作简单、入门难度低、便于新手接触手机 App，而且可以和 Lua 语言编程交叉使用，功能较强大，但缺点是需要学习 Lua 语言。若读者已经会使用 Lua 语言，则完全可以采用 Androlua+软件进行编程，该软件是手机端的编程软件，也是使用 Lua 语言进行编程，也可以将工程打包成 apk，制作手机 App，特点是和传统的编程软件相似，全程通过代码编写程序，不像前面的 Fusion App 可以通过可视化界面添加功能，优点是更加开放、少了 Fusion App 的条条框框。

3.2.3　iApp 介绍

还有一个手机软件名为 iApp，该软件使用的是裕语言进行编程，优点是基础教程很完整（网上有很多视频教程，也比较完整），缺点是语言小众，软件下载地址为 http://vv.u00.cn:93/iappce.htm。

本章介绍的三种 App 制作软件都是手机编程软件，Fusion App 和 Androlua+都是使用 Lua 语言进行编程，这两种软件在功能上各有优劣；而 iApp 使用的是裕语言进行编程，除了语言小众，没有其他明显缺点。

第 4 章　Web App 开发基础

4.1　Web App 基础框架

Web App 开发包括网页设计和 Fusion App 封装两个关键环节，其原理是 Fusion App 对互联网上的各个网页进行封装处理成一个个 App，所以首先要制作一个 Django 网页放到公网上。Web App 的制作需要一定的 Django 网页编程基础（任意网页制作技术），在此前提下需要把自己制作的网页发布到公网上。

下面举例说明如何将一个 Django 工程发布到公网上，操作如下。

（1）准备一个 Linux 服务把宝塔安装好，如何安装宝塔就不再介绍，读者可以在宝塔官网[41]学习，网址为 https://www.bt.cn。

（2）安装 Nginx 1.16.1，需注意是 1.16.1 的版本，其他版本可能有未知的错误，如图 4.1 所示。

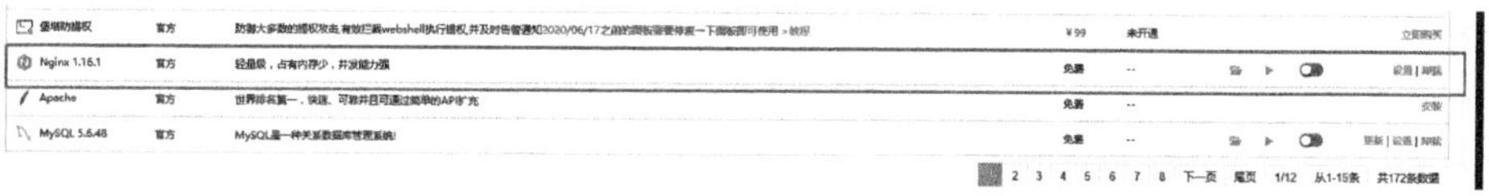

图 4.1　安装 Nginx 出现的未知错误

（3）安装 Python 项目管理器，如图 4.2 所示。

图 4.2　安装 Python 项目管理器

（4）准备工作做好后，下面开始项目部署，如图 4.3 所示。

图 4.3　项目部署

（5）上传 Django 项目源码。需留意：在打包项目源码之前，先在本地环境使用下面的命令把环境依赖包导出到"requirements.txt"文件里，并把这个文件存放在项目目录下，这一步非常重要，请务必记得操作。

导出命令：

```
pip freeze > requirements.txt
```

这一步操作好之后，就可以通过下面的步骤把项目源码上传到服务器，如图 4.4～图 4.6 所示。

图 4.4　源码上传（1）

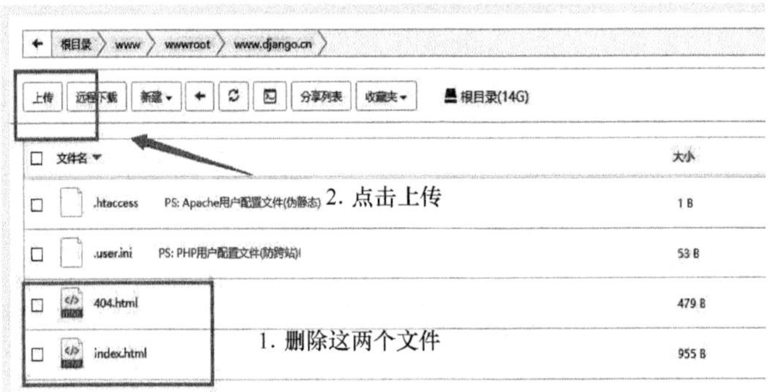

图 4.5　源码上传（2）

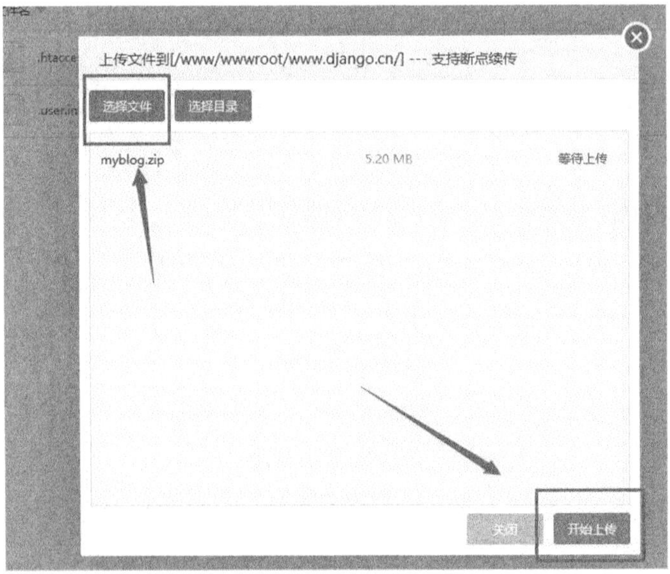

图 4.6　源码上传（3）

然后解压项目，如图 4.7 所示。

图 4.7　解压项目

解压成功之后的项目文件如图 4.8 所示。留意路径，源码必须解压到根目录里。最后检查一下，项目里是否存在“requirements.txt”文件。

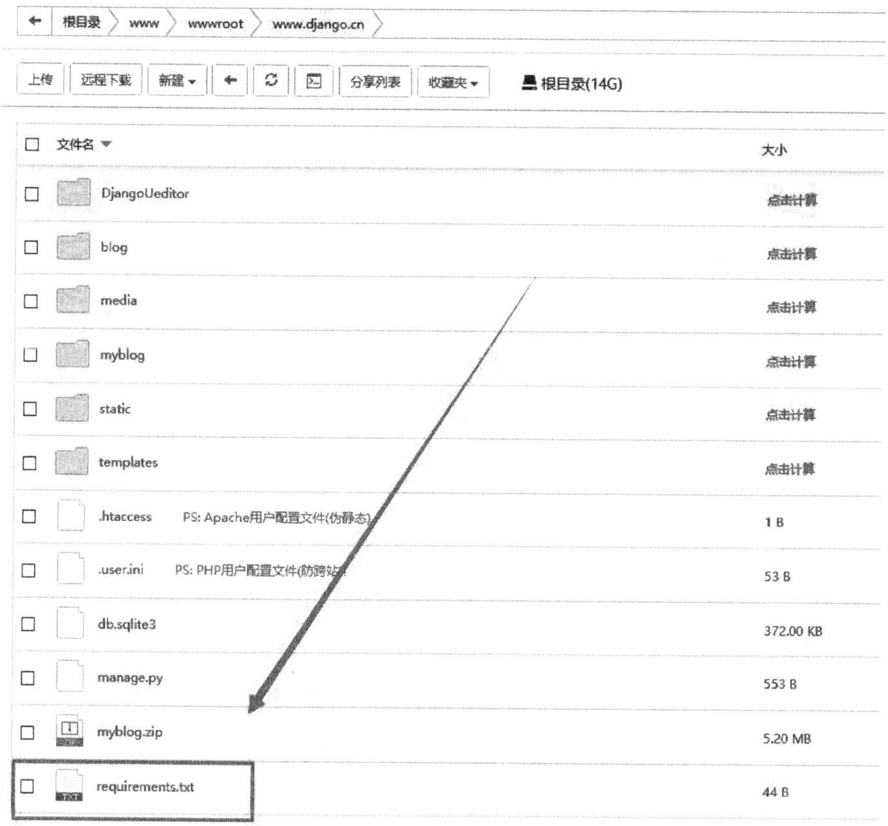

图 4.8　项目文件解压

（6）添加 uwsgi 配置文件“uwsgi.ini”，如图 4.9 所示。

图 4.9　uwsgi 配置文件

需留意：新建一个空白文件，文件名为“uwsgi.ini”。新建成功之后，输入如下代码，然后保存。

```
#添加配置选择
[uwsgi]
#配置和 nginx 连接的 socket 连接
socket=127.0.0.1:8997
#配置项目路径，项目的所在目录
chdir=/www/wwwroot/www.django.cn/
#配置 wsgi 接口模块文件路径,也就是 wsgi.py 这个文件所在的目录
wsgi-file=myblog/wsgi.py
#配置启动的进程数
processes=4
#配置每个进程的线程数
threads=2
#配置启动管理主进程
master=True
#配置存放主进程的进程号文件
pidfile=uwsgi.pid
```

```
#配置 dump 日志记录
daemonize=uwsgi.log`
```

这部分操作，最需要留意的是项目路径和“wsgi.py”所在的目录，如图 4.10 所示。

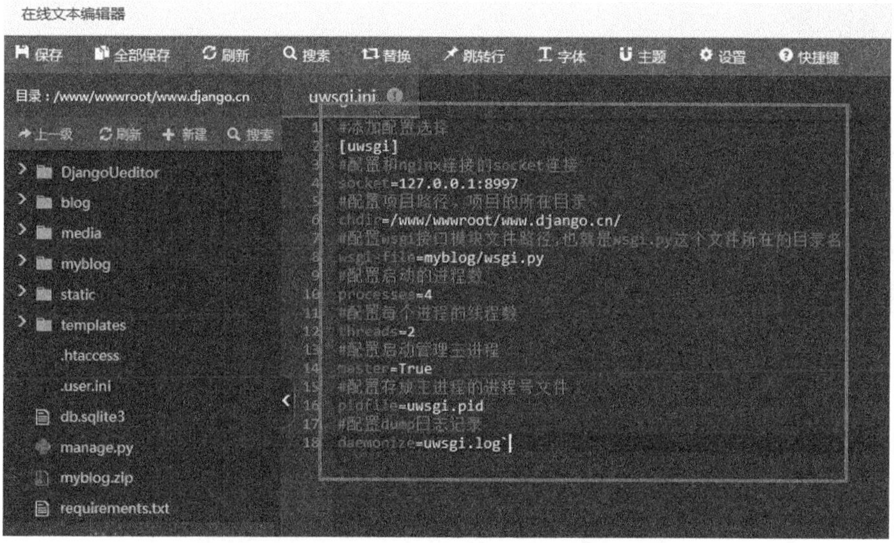

图 4.10　项目路径和“wsgi.py”所在的目录

（7）修改网站配置。找到图 4.11 所示的左上角网站标签，然后点击网站名，在弹出的窗口里找到“配置文件”，在配置文件里输入如下代码，如图 4.11 所示。

```
location / {
        include uwsgi_params;
        uwsgi_pass 127.0.0.1:8997;  #端口要和 uwsgi 里配置的一样
        uwsgi_param UWSGI_SCRIPT myblog.wsgi;  #wsgi.py 所在的目录名+.wsgi
        uwsgi_param UWSGI_CHDIR /www/wwwroot/www.django.cn/;  #项目路径
}
     location /static/ {
     alias /www/wwwroot/www.django.cn/static/;  #静态资源路径
     }
```

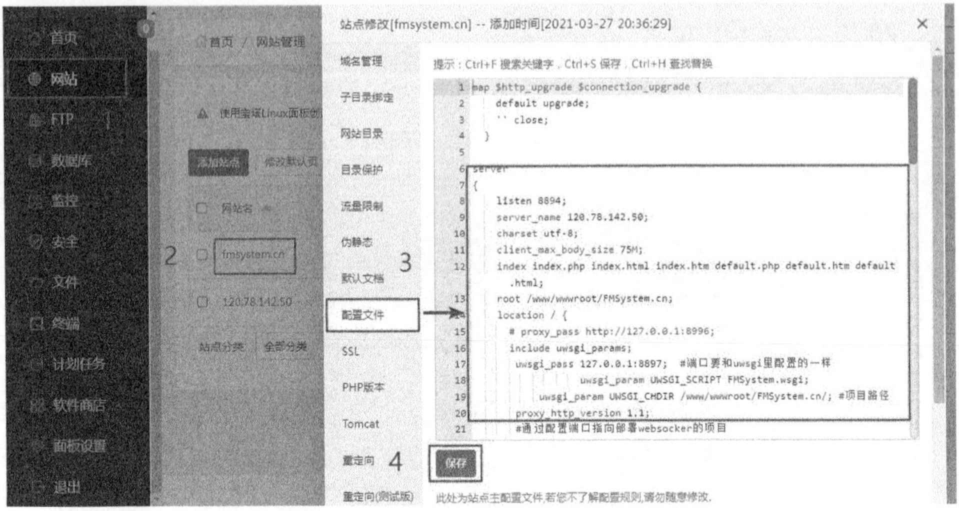

图 4.11　配置文件修改

需注意：里面的端口、路径都要和“uwsgi.ini”里的一致。

（8）进入 Python 项目管理器中点击“添加项目”，如图 4.12 所示。

图 4.12　添加项目

（9）配置包括九个步骤：①填写项目名称；②选择项目路径；③Python 版本，图 4.12 中，3.7.2 就是本地的 Python 版本；④框架选择 Django；⑤启动方式选择 uwsgi；⑥启动文件/文件夹，应选择“wsgi.py”的文件夹路径；⑦端口不能使用 80 端口号，这里可以和“uwsgi.ini”里的一致，使用 8897 端口号，需注意的就是端口，端口号要和“uwsgi.ini”里的端口号一致，若有多个项目，则不同的项目要填写不同的端口号，端口号随便填写，只要不与其他常用软件端口号冲突就可以；⑧“是否安装模块依赖”应选择“是”，依赖文件是本地 Django 生成的“requirements.txt”文件；⑨开机启动。

（10）创建完成后，就能看到创建的项目信息，点击“映射”，映射到指定的域名或者 IP 地址，如图 4.13 所示。

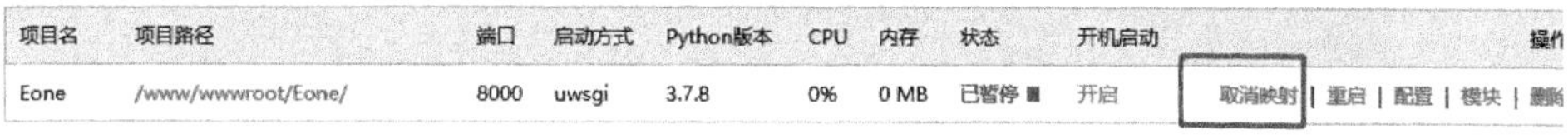

图 4.13　项目信息

（11）进入网站管理就能看到映射的项目域名，如图 4.14 所示。

图 4.14　项目域名

（12）配置 nginx 步骤如下：①点击“设置”，找到配置文件；②添加 location /static/ {alias 静态文件路径}，如图 4.15 所示。

图 4.15　配置 nginx

（13）添加项目站点，域名处填写自己的域名即可，没有域名填写服务器 IP 地址，如图 4.16 所示。

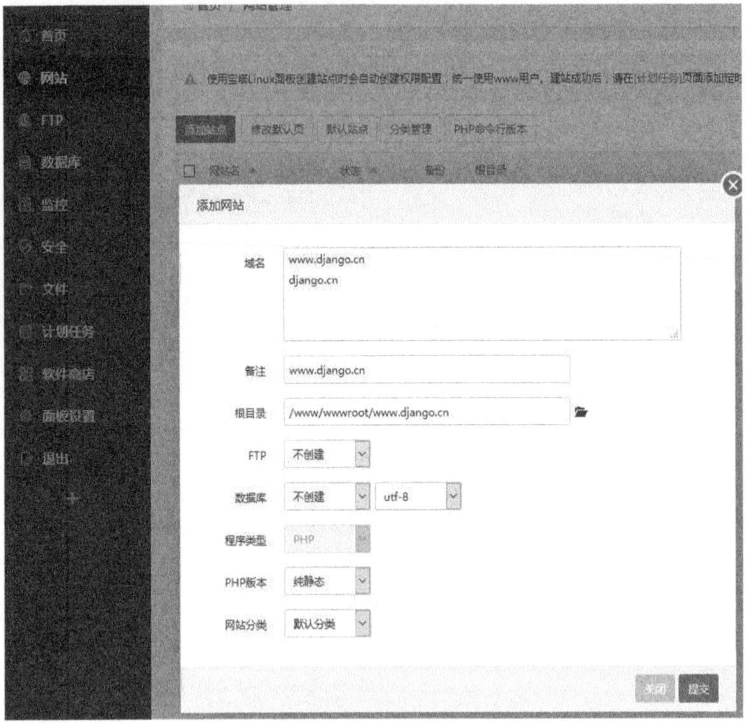

图 4.16　添加项目站点

到这一步就已经结束了，若出现其他的错误，则可以在 Python 的项目管理器里去查看相应的日志文件，如图 4.17 所示。

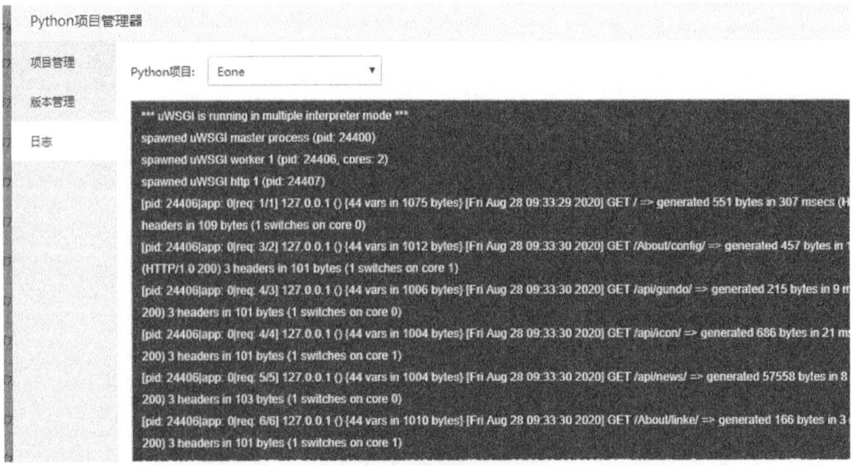

图 4.17　查看日志文件

解决管理后端样式丢失问题，如图 4.18 所示。

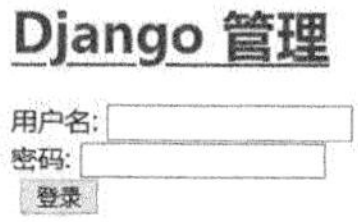

图 4.18　管理后端样式丢失

若后端样式丢失，则解决办法如下：

在宝塔面板里，点击“网站路径”进入项目路径，找到“settings.py”文件，在末尾处添加静态资源收集路径，如图 4.19 所示。

```
#把 App 静态资源收集到指定的目录下，这里我收集到 static 目录下
STATIC_ROOT = os.path.join(BASE_DIR, 'static')
```

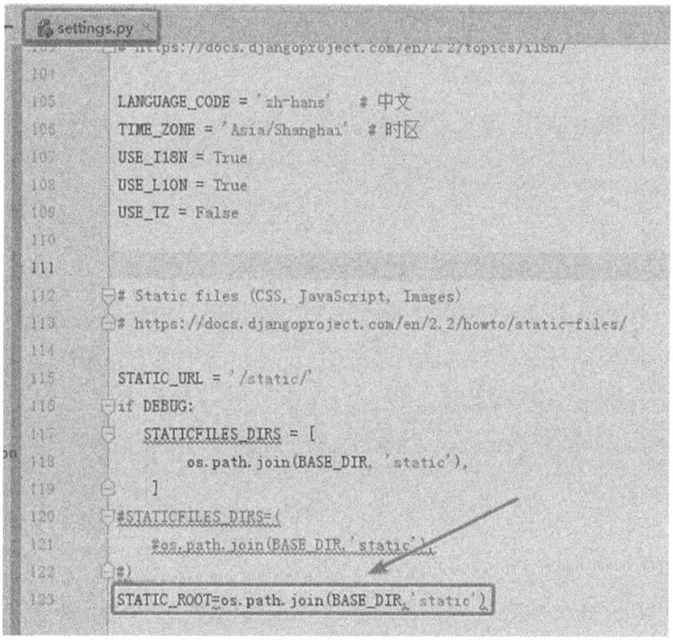

图 4.19　后端样式丢失

之后在 SSH 终端进入项目虚拟环境：

```
source /www/wwwroot/myblog/myblog_venv/bin/activate
```

成功进入虚拟环境后会出现如图 4.20 所示的标记。

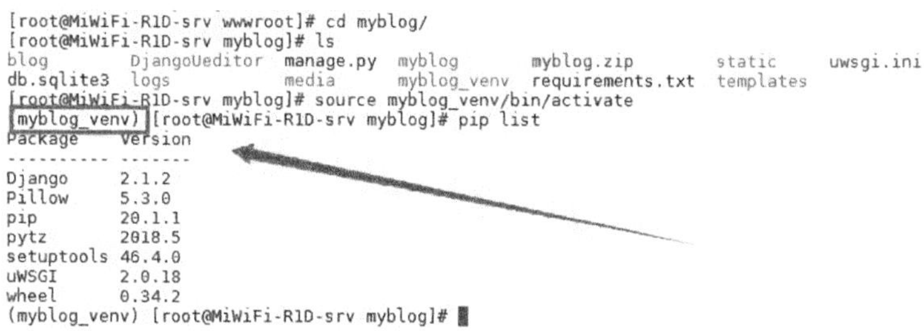

图 4.20　虚拟环境标记

出现项目名“_venv”标记后，才说明已经成功进入虚拟环境。然后，使用下面的命令收集静态文件：

```
python manage.py collectstatic
```

结果如图 4.21 所示。

```
(myblog_venv) [root@MiWiFi-R1D-srv myblog]# ls
blog        DjangoUeditor  manage.py  myblog       myblog.zip        static     uwsgi.ini
db.sqlite3  logs           media      myblog_venv  requirements.txt  templates
(myblog_venv) [root@MiWiFi-R1D-srv myblog]# python manage.py collectstatic

You have requested to collect static files at the destination
location as specified in your settings:

    /www/wwwroot/myblog/static

This will overwrite existing files!
Are you sure you want to do this?

Type 'yes' to continue, or 'no' to cancel: yes

426 static files copied to '/www/wwwroot/myblog/static', 46 unmodified.
(myblog_venv) [root@MiWiFi-R1D-srv myblog]#
```

图 4.21　收集静态文件

收集成功后，刷新后端页面，样式就恢复正常。本节只列举了 Django 工程使用宝塔部署工具在云服务器上部署的教程，实际上网页工程在云服务器上部署有许多的方法和插件可以选择，这里就不再一一赘述。总的来说，网页工程在云服务器上部署一般是先在云服务器上将工程运行所需要的环境配置好，让工程可以在云服务器本地上运行，再通过 nginx 或 apache 等代理软件进行反向代理部署到公网上。

4.2　NPS 内网穿透

4.1 节讲述了将本地 Django 项目部署到云服务器的方法，但是在使用时发现在云端服务器上部署的工程若运算复杂而租用的云服务器性能一般，就会影响 App 运行速度甚至导致部署的项目不能运行，从节约成本和增加灵活性的角度出发，不需要租用高性能云服务器，而只需要使用一台本地服务器或计算机通过一个性能一般的云服务器进行内网穿透即可。穿透方法不止一种，在本节讲解用 NPS 进行内网穿透，详论如下。

（1）首先将 NPS 的安装包传到云服务器上，根据自己的云服务器上传对应的安装包，Github 下载地址为 https://gitee.com/easy-know/nps。本书用的是 CentOS Linux 7.x 系统，因此用这个版本的系统进行举例，下载解压 NPS 安装包：

```
Wget https://github.com/ehang-io/nps/releases/download/
v0.26.9/
linux_arm64_server.tar.gz
tar -zxvf linux_arm64_server.tar.gz
```

（2）解压后的文件会有两个文件夹，分别为 conf 和 web，只需要进入 conf 文件夹中的“nps.conf”文件进行配置即可。

```
#HTTP(S)代理端口
http_proxy_ip=0.0.0.0
http_proxy_port=80
https_proxy_port=443
https_just_proxy=true
#bridge
bridge_type=tcp
bridge_port=8024    #默认客户端连接服务器端的桥接口，可修改
bridge_ip=0.0.0.0
#公用的客户端连接服务端密钥，可修改
public_vkey=123
#web 后端管理
web_host=a.o.com
web_username=admin    #默认用户名，可修改
web_password=123      #默认密码，可修改
web_port=8080         #默认 Web 端口
web_ip=0.0.0.0
web_base_url=          #可设置 Web 路径，例如：web_base_url=/nps
web_open_ssl=false
web_cert_file=conf/server.pem
web_key_file=conf/server.key
#auth_key, Web API 认证 IP 密钥，可修改，必须 16 位！
auth_crypt_key=1234567812345678
```

若上述代码需要改写，则根据自己的端口号修改，保证服务器配置是端口号配置，没有重复使用即可。

（3）修改完配置文件后，安装 NPS。将当前的配置文件和 Web 静态文件复制到“/etc/nps”下，以后修改配置文件直接修改“/etc/nps/conf/nps.conf”即可（就是说前面不管把安装包解压到哪里，最后将解压配置的文件复制粘贴到“/etc/nps”下，以后修改配置文件时直接修改“/etc/nps”下的文件即可）[42]，运行命令 nps start 或者 nps 即可启动。

（4）进入后端控制面板，登录 http://你的公网 IP：8080，如图 4.22 所示。

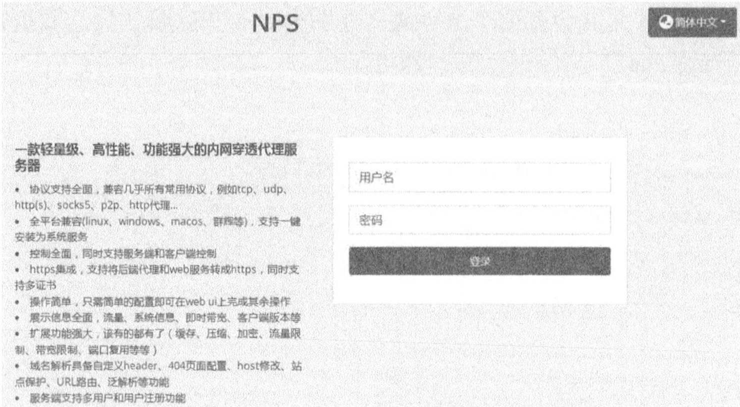

图 4.22　进入后端控制面板

登录进入后创建客户端，步骤如图 4.23～图 4.28 所示。

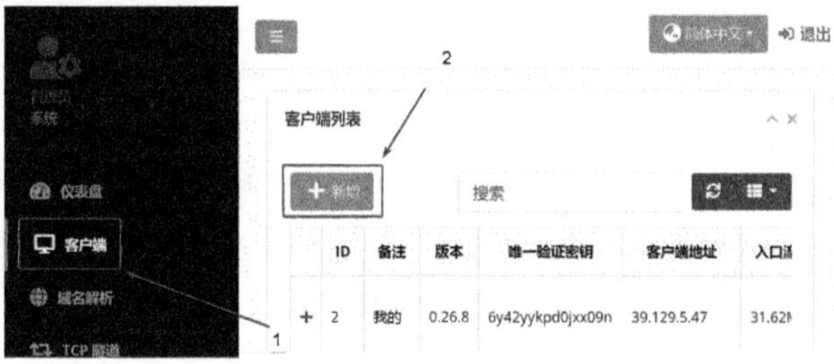

图 4.23　创建客户端（1）

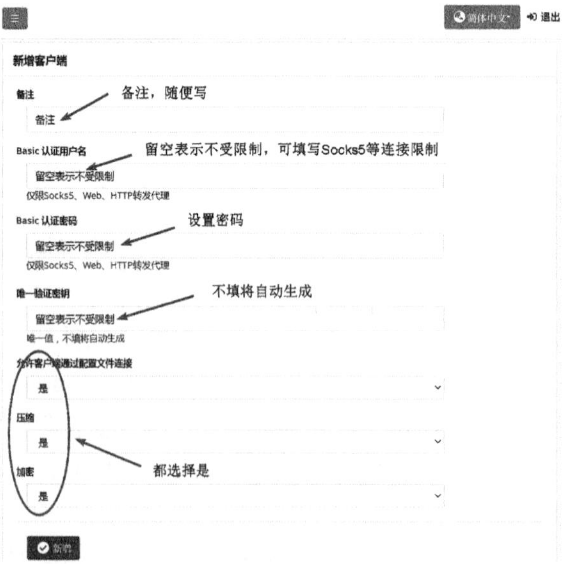

图 4.24　创建客户端（2）

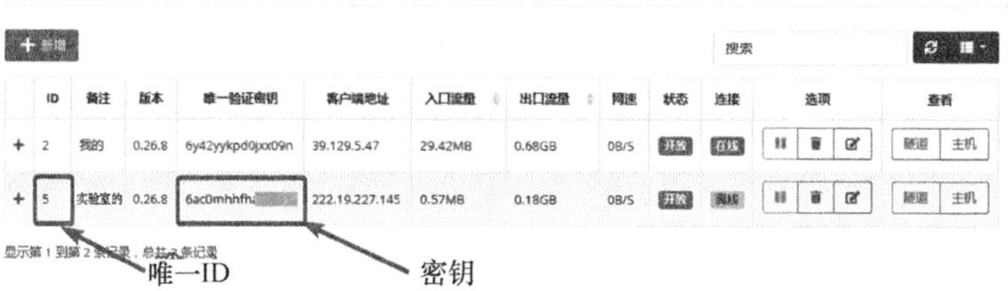

图 4.25　创建客户端（3）

图 4.26　创建客户端（4）

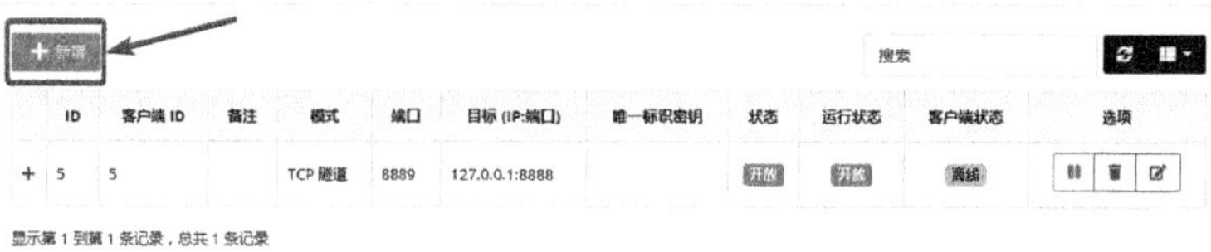

图 4.27　创建客户端（5）

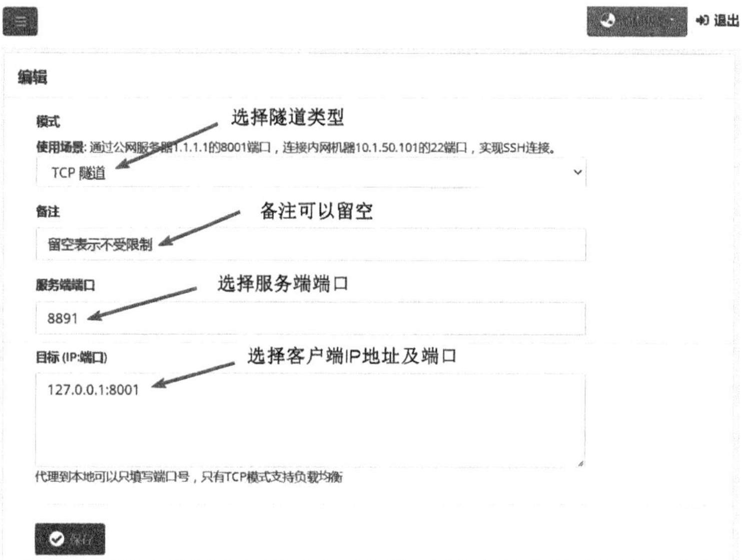

图 4.28　创建客户端（6）

（5）在本地服务器或者计算机上安装客户端，说明：在 github 上下载的 NPS 安装包有服务器端和客户端，在云服务器上解压的是服务器端，在本地服务器或计算机上解压的是客户端。解压客户端如图 4.29 所示。

按 Win+R 组合键运行 cmd，进入该目录（填你自己解压的目录）：

```
npc.exe -server=ip:port -vkey=xxxxx
```

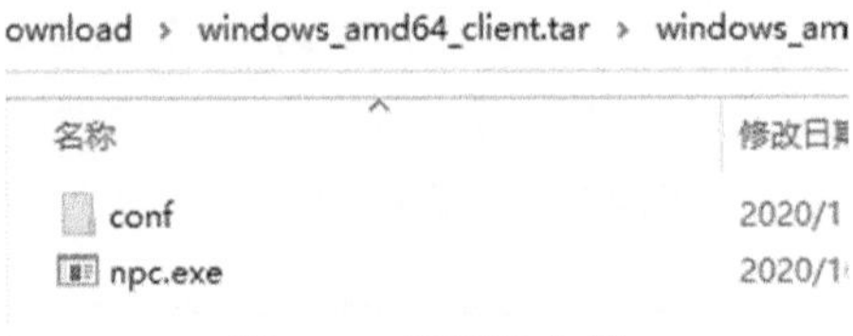

图 4.29　解压客户端

这里的 IP 地址为你自己的服务器 IP 地址；端口为“nps.conf”中“#bridge”设置的桥接端口；“–vkey”为控制面板客户端生成的唯一认证密钥。

（6）运行“npc.exe”文件即可完成本地服务器或计算机的内网穿透。

（7）Django 工程在运行时要注意的是运行端口要与客户端隧道配置中的目标端口号一致，如图 4.30 所示。

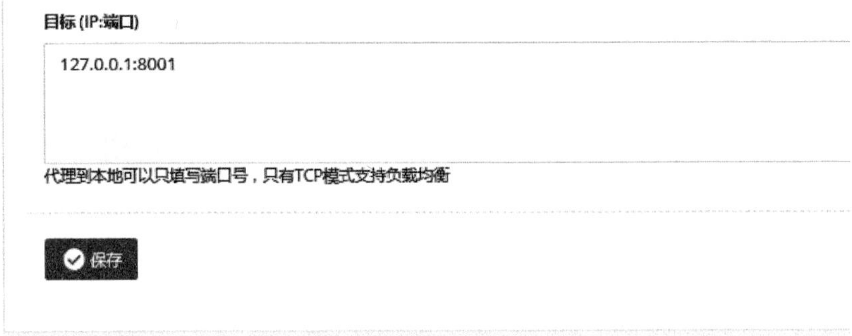

图 4.30　端口检查

4.3　OpenVPN

熟悉使用外网是进行 Web 开发必备技能之一，NPS 通过在内网启动客户端使内网主机 IP 地址映射到云服务器的外网 IP 地址端口，从而达到内网变外网的目的，这样外网用户通过直接访问云服务器 IP 地址端口就可以访问到与之对应的内网主机 IP 地址，从而达到通信的目的。此外，还可以将外网变成内网，通过 OpenVPN 搭建 VPN 通道让外网用户使用 OpenVPN 客户端与云服务器组成的局域网，达到外网直接与内网进行通信的效果。NPS 和 OpenVPN 相比，NPS 工具拥有可视化后端进行控制，操作方便、效果直观；OpenVPN 工具需要用户使用对应的密钥文件和客户端，安全性更高。虽然 NPS 和 OpenVPN 都是为了解决外网与内网之间无法通信的问题而产生的工具，但是 NPS 大多数用于解决云服务器性能不足的问题，使用本地服务器分担运算压力，降低云服务搭建成本。OpenVPN 大多数用于异地办公，解决外网用户无法访问公司内网问题，提高公司运作效率、应对突发状况。下面讲解 OpenVPN 的安装和使用，详述如下。

（1）首先在云服务器根目录创建一个 user 文件夹并进入，如图 4.31 所示。

```
[root@iZwz99q0vgob6id44sw8ycZ /]# mkdir user
[root@iZwz99q0vgob6id44sw8ycZ /]# ls
bin   home        lost+found  patch                root  sys   uwsgi.log   www
boot  install.sh  media       proc                 run   tmp   uwsgi.log`
dev   lib         mnt         Python-3.7.1.tgz     sbin  user  uwsgi.pid
etc   lib64       opt         Python-3.7.1.tgz.1   srv   usr   var
[root@iZwz99q0vgob6id44sw8ycZ /]# cd user
[root@iZwz99q0vgob6id44sw8ycZ user]#
```

图 4.31 创建一个 user 文件夹

（2）安装 git 工具，命令为 “yum-y install git”，如图 4.32 所示。

```
[root@iZwz99q0vgob6id44sw8ycZ user]# yum -y install git
Loaded plugins: fastestmirror
Loading mirror speeds from cached hostfile
base                                                     | 3.6 kB  00:00:00
epel                                                     | 4.7 kB  00:00:00
extras                                                   | 2.9 kB  00:00:00
updates                                                  | 2.9 kB  00:00:00
Package git-1.8.3.1-23.el7_8.x86_64 already installed and latest version
```

图 4.32 安装 git 工具

（3）安装 OpenVPN 工程命令 git clone https://github.com/Nyr/openvpn-install，如图 4.33 所示。

```
[root@iZwz99q0vgob6id44sw8ycZ user]# git clone https://github.com/Nyr/openvpn-install
Cloning into 'openvpn-install'...
remote: Enumerating objects: 507, done.
remote: Counting objects: 100% (11/11), done.
remote: Compressing objects: 100% (8/8), done.
remote: Total 507 (delta 3), reused 9 (delta 3), pack-reused 496
Receiving objects: 100% (507/507), 166.11 KiB | 0 bytes/s, done.
Resolving deltas: 100% (262/262), done.
```

图 4.33 安装 OpenVPN

（4）进入 openvpn-install 文件夹并运行“openvpn.sh”文件，命令为“cd openvpn-install bash openvpn-install.sh”，如图 4.34 所示。

```
[root@iZwz99q0vgob6id44sw8ycZ user]# cd openvpn-install
[root@iZwz99q0vgob6id44sw8ycZ openvpn-install]# bash openvpn-install.sh
```

图 4.34 运行 openvpn.sh 文件

（5）按回车键进入配置文件，会提示输入云服务器 IP 地址，输入并按回车键，会出现选择传输协议选项，选择 TCP 直接输入编号并按回车键就可以了，接着选择端口输入 “1194”，下一步选择 DNS 服务器，选择第一个系统自带的服务器，创建并输入客户端名字，最后再按回车键，如图 4.35 所示。本书作者的计算机上已经安装完成，因此没有初始配置界面，引用了网上视频截图，请按照本书写的配置进行操作，本书的传输协议和参考视频中的不同。

```
This server is behind NAT. What is the public IPv4 address or hostname?
Public IPv4 address / hostname [120.78.142.50]: 120.78.142.50

Which protocol should OpenVPN use?
   1) UDP (recommended)
   2) TCP
Protocol [1]: 2

What port should OpenVPN listen to?
Port [1194]: 1194

Select a DNS server for the clients:
   1) Current system resolvers
   2) Google
   3) 1.1.1.1
   4) OpenDNS
   5) Quad9
   6) AdGuard
DNS server [1]: 1

Enter a name for the first client:
Name [client]: twoclient
```

图 4.35　初始配置界面

（6）进入根目录下的“root”文件夹，就可以找到客户端配置文件，将其复制到要使用 OpenVPN 的计算机中，如图 4.36 所示。

图 4.36　客户端配置文件

（7）在要使用 OpenVPN 的计算机上下载安装其对应版本的 OpenVPN 客户端，网址为 https://openvpn.en.softonic.com/，并将“.ovpn”文件导入客户端，启动客户端即可，此时云服务器的局域网虚拟 IP 地址为 10.8.0.1，客户端的局域网虚拟 IP 地址为“10.8.0.2”，后面每生成一个客户端文件其对应的计算机局域网虚拟

IP 地址号依次增加，如图 4.37 所示。

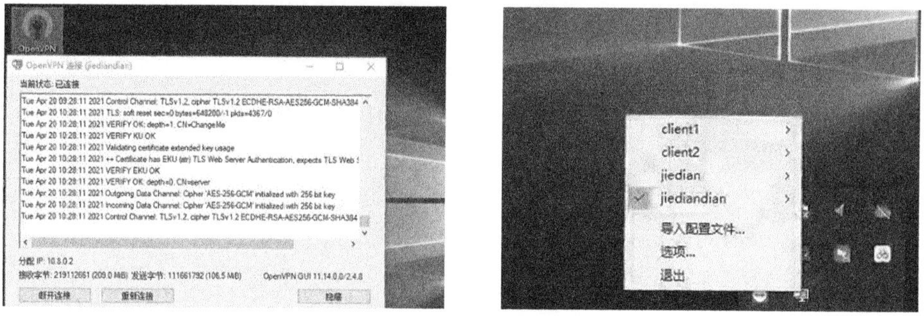

图 4.37　虚拟局域网

（8）若要创建多个客户端，则只需要再次进入 openvpn-install 文件夹并运行“openvpn.sh”文件，然后回车进入配置文件，如图 4.38 所示。

```
Select an option:
   1) Add a new client
   2) Revoke an existing client
   3) Remove OpenVPN
   4) Exit
Option: 1
```

图 4.38　创建多个客户端

（9）选择第一个选项创建一个新的客户端，接下来的操作与第（5）步中创建客户端的操作相同，后面的操作重复第（6）～（7）步，如图 4.39 所示。

```
Name: twooclient
Using SSL: openssl OpenSSL 1.0.2k-fips  26 Jan 2017
Generating a 2048 bit RSA private key
........+++
...+++
writing new private key to '/etc/openvpn/server/easy-rsa/pki/easy-rsa-17194.khEgIG/tm
p.j3meY2'
-----
Using configuration from /etc/openvpn/server/easy-rsa/pki/easy-rsa-17194.khEgIG/tmp.x
EmvSz
Check that the request matches the signature
Signature ok
The Subject's Distinguished Name is as follows
commonName            :ASN.1 12:'twooclient'
Certificate is to be certified until Oct 12 05:41:57 2031 GMT (3650 days)

Write out database with 1 new entries
Data Base Updated


twooclient added. Configuration available in: /root/twooclient.ovpn
```

图 4.39　创建多个客户端的操作

4.4　Web App 开发案例

为了说明 Web App 的开发过程，以 Fusion App 制作一个简易计算器为例进行讨论，步骤如下。

（1）在 Fusion App 中创建一个新的工程，并编辑软件名如图 4.40 所示。

（2）将通用控制中的显示状态栏关闭，其他控件保持不变，然后进入自定义事件中的程序启动界面，在其中编写如图 4.41（a）所示的代码。

（3）案例代码有 300 多行，就不完全体现了，代码写完后点击“保存”按钮，再点击“软件运行”按钮，结果如图 4.41（b）所示。若对案例代码感兴趣，则可在下面的网址下载：https://github.com/wml6/WinLab。

（4）可以进行打包安装，即可打包成 apk 文件进行安装使用。

通过结果展示图可以看出，使用 Fusion App 是可以做出不错的、类似于原生 App 的效果。

图 4.40　创建新工程编辑软件名

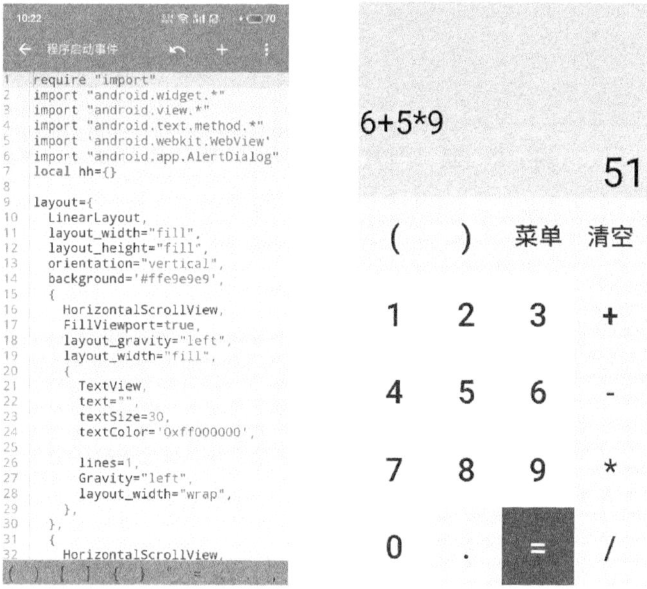

(a) 代码　　(b) 结果

图 4.41　简易计算器案例

第 5 章　无线电管理 App

5.1　系 统 架 构

无线电管理 App 系统架构如图 5.1 所示，其由云端、客户端 App 和谱传感节点组成。谱传感节点具有边缘计算能力，为云端提供数据、知识和 Web 服务，服务能力包括广播监测、占用度测量和无线电管理等。

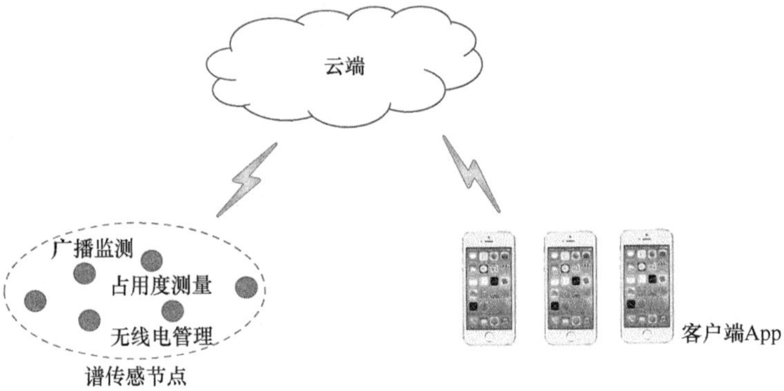

图 5.1　无线电管理 App 系统架构

5.2　5G 干扰协调

5.2.1　研究背景

截至 2018 年年底，手机无线上网占全部上网用户的比例已达 98.6%，全球已进入“非无线，不网络”的时代。由于 5G 的超大带宽（eMBB）、超低时延（uRLLC）和海量连接（mMTC）等特性，5G 通信将客户从传统的普通个人用户投向了垂直行业领域，无线通信正式进入改变社会的时代，形象比喻为“4G 改变生活，5G 改变社会”。然而，5G 基站与卫星地球站存在邻频或同频部署的情况，如图 5.2 所示，且 5G 基站地面覆盖场强大，因此 5G 基站干扰卫星地球站的案例逐渐增多。为了探索此类问题的解决方案，2020 年云南省高校谱传感与边疆无线电安全重点实验室和云南省工业和信息化厅云南省无线电办公室共同承担了工业和信息化部无线电管理局下达的“5G 基站与卫星地球站电磁兼容研究”项目。本章内容是该项目的延伸和扩展。

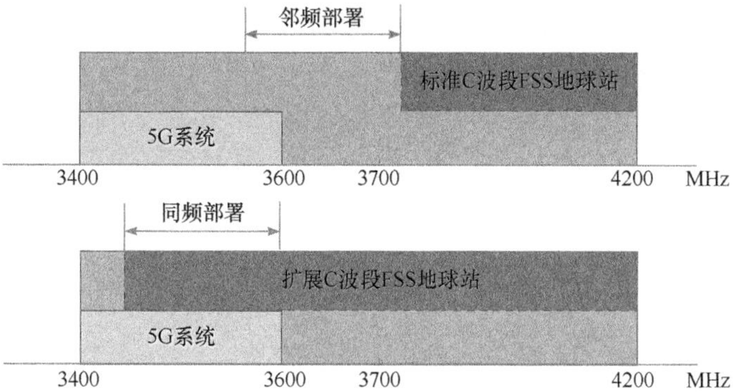

图 5.2　5G 基站与卫星地球站邻频或同频部署示意图

5.2.2　5G 干扰协调 App 开发

根据工业和信息化部制定的《3000～5000MHz 频段第五代移动通信基站与卫星地球站等无线电台（站）干扰协调管理办法》[43]，我们开发了 5G 干扰协调 App，程序流程如图 5.3 所示，根据程序流程图，5G 干扰协调 App 开发

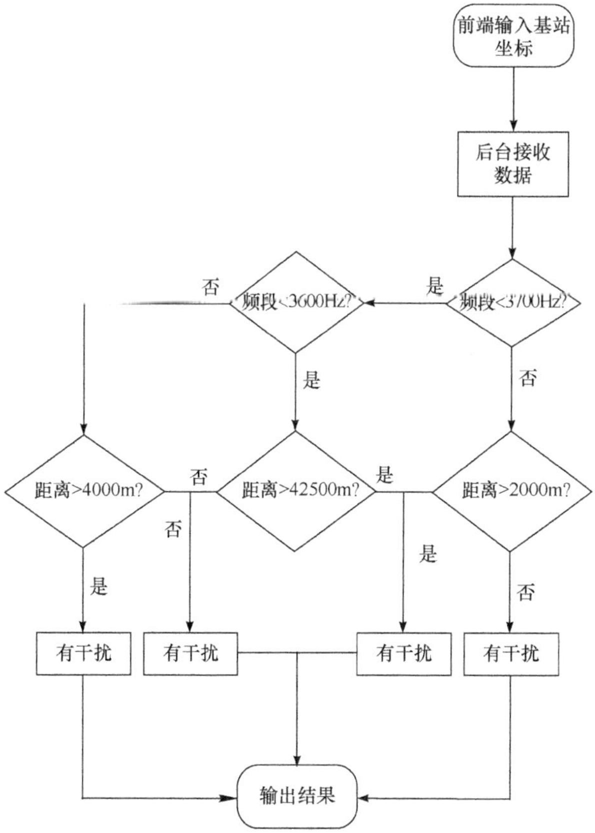

图 5.3　5G 干扰协调 App 程序流程图

步骤包括五部分：①对应程序流程图中前端坐标输入；②对应最终结果输出及前端展示；③后端数据接收；④经纬度距离计算；⑤比较和干扰判断。

（1）前端使用 Bootstrap 框架进行整体布局，通过 API 调用百度地图，再通过输入框将要测试的坐标传输至后端进行计算，传输使用 ajax 技术进行，代码如下：

```
function print(){
  var a = myform.name.value;
  if(a ! = "" && a.indexOf(",") > 0) {
  var place = $("#place").find("option:selected").val();
  var d = place
  var str = "{"+"\""+"X站"+"\""+":"+"\""+d+a+"\""+"}"
   console.log(str)
     $.ajax({
               url:"/ceshi/",
          data: {    // JSON格式封装数据
       'fuwu'  :str,
   },
               type:"post",
               datatype:"json",
               success:function(rst){}})
   }
 }
```

（2）将计算结果在地图上通过圆形区域表示出来，在百度地图上的操作代码如下：

```
<script type = "text/javascript">
   // 百度地图API功能
   var map = new BMap.Map("allmap");
   var point = new BMap.Point(102.715916,25.04607);
   map.centerAndZoom(point,14);
   map.enableScrollWheelZoom(true);
   // 编写自定义函数,创建标注
   function addMarker(point){
      var myIcon = new BMap.Icon("/static/img/bn.png",
```

```
    new BMap.Size(50,50));
    var marker = new BMap.Marker(point,{icon:myIcon});
  map.addOverlay(marker);
  marker.addEventListener("click",attribute);
}
function addMarker1(point1){
      var myIcon = new BMap.Icon("/static/img/5G.png",
      new BMap.Size(50,50));
      var marker = new BMap.Marker(point1,{icon:myIcon});
      map.addOverlay(marker);
}
var bounds = map.getBounds();
var sw = bounds.getSouthWest();
var ne = bounds.getNorthEast();
var lngSpan = Math.abs(sw.lng - ne.lng);
var latSpan = Math.abs(ne.lat - sw.lat);
// 随机向地图添加 25 个标注
 var x;
 var y;
 var x1;
 var y1;
 $.ajax({
     url:"/plot3/",
     type:"get",
     dataType:"json",
     success:function(res){
         x = res['x']
         y = res['y']
         x1 = res['x1']
         y1 = res['y1']
         for(i = 0;i<x.length;i++){
            var point = new BMap.Point(x[i], y[i]);
     addMarker(point);
           }
```

```
            for(i = 0;i<x1.length;i++){
               var point1 = new BMap.Point(x1[i], y1[i]);
      addMarker1(point1);
            }
         },
         error:function(){
            console.log("fail");
         }
   })
   function attribute(e){
      console.log(e)
      var p = e.target;
      var point = new BMap.Point(p.getPosition().lng ,
      p.getPosition().lat);
      map.addOverlay(new BMap.Circle(point,4000,{
      fillColor:"blue", strokeWeight: 1 ,fillOpacity:
      0.3, strokeOpaci ty: 0.3}));
      alert("marker的位置是" + p.getPosition().lng + ","
      + p.getPosition().lat);
   }
function theLocation(val){
         var str = val;
         var numArr = str.match(/-?([1-9]\d*(\.\d*)
         *|0\.[1-9]\d*)/g)
         var latitude = numArr[0]
         var longitude = numArr[1]
         if(latitude! ="" && longitude ! = ""){
        var new_point = new BMap.Point(longitude,latit
        ude);
        map.setZoom(15)
        map.panTo(new_point);
   }
 }
</script>
```

并在下方表格中展示具体计算结果数据，通过表格动态显示后端计算结果，代码如下：

```
<table width="100%" border="0" cellspacing="0" cellpadding
="0" align="center">
<tr>
<td align="center" class="biaoti" height="60" style=
"font-size: 1.2rem">5G 基站干扰统计表</td>
</tr>
<tr>
<td align="right" height="25">2020-01-02---2020-10-12</td>
</tr>
</table>
<table width="100%" border="0" cellspacing="1" cellpadding
="4" bgcolor="#cccccc" class="table table-bordered"
align="center" id="tex1">
<tr>
<td width="15%" height="45px" class="btbg font-center
titfont" rowspan="1">5G 基站名称</td>
<td width="65%" height="45px" class="btbg font-center
titfont" rowspan="1">卫星地球站及其距离(单位/m)</td>
</tr>
{% for key,value in data.items %}
<tr style="text-align:center;">
<td>
        {{ key }}
</td>
<td>
        {% for value1 in value %}
        {{ value1}}
            {% if value1 >= 0 %};{% else %}:{% endif %}
        {% endfor %}
</td>
</tr>
{% endfor %}
</table>
```

（3）后端接收前端传来的坐标，代码如下：

```
def ceshi(request):
    zuobiao = str(request.POST.get('zuobiao'))
    fuwu = str(request.POST.get('fuwu'))
    print(zuobiao)
    print('#####',fuwu)
    client = pymongo.MongoClient('mongodb://localhost:
    27017')
    zuobiao1 = client['node']
    try:
        out5 = zuobiao1.create_collection('zuobiao',
        cApped = True, size = 1024 * 1024, max = 1)
    except:
        out5 = zuobiao1['zuobiao']
    if zuobiao == 'None':
        print('没有数据')
    else:
        user_dict = ast.literal_eval(zuobiao)
        a = dict(a = user_dict)
        out5.insert(a)
    fuwu1 = client['node']
    try:
        out6 = fuwu1.create_collection('fuwu', cApped=
        True, size = 1024 * 1024, max = 1)
    except:
        out6 = fuwu1['fuwu']
    if fuwu == 'None':
        print('没有数据')
    else:
        #p = re.findall(r'[{](.*?)[}]', zuobiao)
        user_dict = ast.literal_eval(fuwu)
        f=dict(f=user_dict)
        out6.insert(f)
    client = pymongo.MongoClient('mongodb://localhost:
```

```
    27017')
    db = client["node"]
    try:
        out5 = db.create_collection('zuobiao')
    except:
        out5 = db['zuobiao']
    t1 = []
    t2 = []
    t3 = []
    t4 = []
    p = []
    q = []
    r = []
    s = []
    px = []
    qx = []
    rx = []
    sx = []
    bh = []
    YH = []
    WH = []
```

（4）根据接收的坐标数据，计算出接收的坐标与数据库中坐标的距离，然后对距离进行判断，代码如下：

```
df_baohu = pd.DataFrame(list(out5.find())).T
if len(df_baohu) == 0:
    print('没有数据')
else:
    d = df_baohu.iloc[1].values
    df1 = pd.DataFrame(d)
    df2 = pd.DataFrame([df1.iloc[0, :][0]])
    for i in range(len(df2.columns)):
        x = np.float(df2.iloc[0, :][i].split(',')[1])
        y = np.float(df2.iloc[0, :][i].split(',')[2])
        x1 = np.float(df2.iloc[0, :][i].split(',')[3])
```

```
            y1 = np.float(df2.iloc[0, :][i].split(',')[4])
            z1 = np.float(df2.iloc[0, :][i].split(',')[5])
            t1.Append(x)
            t2.Append(y)
            t3.Append(x1)
            t4.Append(y1)
            bh.Append(z1)
        for i in range(len(df2.columns)):
            if bh[i] == 0:
                YH.Append(i)
            elif bh[i] == 1:
                WH.Append(i)
        for i in YH:
            if 3400 <= t1[i] < 3600:
                p.Append(i)
            elif 3600 <= t1[i] < 3700:
                q.Append(i)
            elif 3700 <= t1[i] < 4200:
                r.Append(i)
            elif 4500 <= t1[i] < 4900:
                s.Append(i)
        for i in WH:
            if 3400 <= t1[i] < 3600:
                px.Append(i)
            elif 3600 <= t1[i] < 3700:
                qx.Append(i)
            elif 3700 <= t1[i] < 4200:
                rx.Append(i)
            elif 4500 <= t1[i] < 4900:
                sx.Append(i)
    db = client["node"]
    try:
        out6 = db.create_collection('fuwu')
    except:
```

```
    out6 = db['fuwu']
t5 = []
t6 = []
t7 = []
t8 = []
t9 = []
NY = []
YY = []
NN = []
u = []
v = []
w = []
z = []
ux = []
vx = []
wx = []
zx = []
zxx = []
zzx = []
jl = []
o = {}
e = {}
h = {}
df_fuwu = pd.DataFrame(list(out6.find())).T
d1 = df_fuwu.iloc[1].values
df3 = pd.DataFrame(d1)
df4 = pd.DataFrame([df3.iloc[0, :][0]])
for i in range(len(df4.columns)):
    x2 = np.float(df4.iloc[0, :][i].split(',')[1])
    y2 = np.float(df4.iloc[0, :][i].split(',')[2])
    x3 = np.float(df4.iloc[0, :][i].split(',')[4])
    y3 = np.float(df4.iloc[0, :][i].split(',')[5])
    NY = np.float(df4.iloc[0, :][i].split(',')[3])
    t5.Append(x2)
    t6.Append(y2)
```

```
        t7.Append(x3)
        t8.Append(y3)
        t9.Append(NY)
    for i in range(len(df4.columns)):
        if t9[i] == 0:
            YY.Append(i)
        elif t9[i] == 1:
            NN.Append(i)
    for i in YY:
        if 3400 <= t5[i] < 3600:
            u.Append(i)
        elif 3600 <= t5[i] < 3700:
            v.Append(i)
        elif 3700 <= t5[i] < 4200:
            w.Append(i)
        elif 4800 <= t5[i] < 4900:
            z.Append(i)
        elif 4900 <= t5[i] <= 5000:
            zxx.Append(i)
    for i in NN:
        if 3400 <= t5[i] < 3600:
            ux.Append(i)
        elif 3600 <= t5[i] < 3700:
            vx.Append(i)
        elif 3700 <= t5[i] < 4200:
            wx.Append(i)
        elif 4800 <= t5[i] < 4900:
            zx.Append(i)
        elif 4900 <= t5[i] <= 5000:
            zzx.Append(i)
    for m in p:
        for n in u:
            distance = geodistance(t3[m], t4[m], t7[n], t8[n])
            if distance < 42500:
                k = df2.columns[m]
```

```
            l = df4.columns[n]
            e.setdefault(l, []).Append(k)
            e.setdefault(l, []).Append(distance)
            o.setdefault(k, []).Append(t3[m])
            o.setdefault(k, []).Append(t4[m])
            jl.Append(42500)
for m in q:
    for n in u:
        distance = geodistance(t3[m], t4[m], t7[n], t8[n])
        if distance < 4000:
            k = df2.columns[m]
            l = df4.columns[n]
            e.setdefault(l, []).Append(k)
            e.setdefault(l, []).Append(distance)
            o.setdefault(k, []).Append(t3[m])
            o.setdefault(k, []).Append(t4[m])
            jl.Append(4000)
for m in r:
    for n in u:
        distance = geodistance(t3[m], t4[m], t7[n], t8[n])
        if distance < 4000:
            k = df2.columns[m]
            l = df4.columns[n]
            e.setdefault(l, []).Append(k)
            e.setdefault(l, []).Append(distance)
            o.setdefault(k, []).Append(t3[m])
            o.setdefault(k, []).Append(t4[m])
            jl.Append(4000)
for m in s:
    for n in z:
        distance = geodistance(t3[m], t4[m], t7[n], t8[n])
        if distance < 4000:
            k = df2.columns[m]
            l = df4.columns[n]
            e.setdefault(l, []).Append(k)
```

```
                e.setdefault(l, []).Append(distance)
                o.setdefault(k, []).Append(t3[m])
                o.setdefault(k, []).Append(t4[m])
                jl.Append(4000)
    for m in p:
        for n in ux:
            distance = geodistance(t3[m], t4[m], t7[n], t8[n])
            if distance < 1000:
                k = df2.columns[m]
                l = df4.columns[n]
                e.setdefault(l, []).Append(k)
                e.setdefault(l, []).Append(distance)
                o.setdefault(k, []).Append(t3[m])
                o.setdefault(k, []).Append(t4[m])
                jl.Append(1000)
    for m in q:
        for n in ux:
            distance = geodistance(t3[m], t4[m], t7[n], t8[n])
            if distance < 50:
                k = df2.columns[m]
                l = df4.columns[n]
                e.setdefault(l, []).Append(k)
                e.setdefault(l, []).Append(distance)
                o.setdefault(k, []).Append(t3[m])
                o.setdefault(k, []).Append(t4[m])
                jl.Append(50)
    for m in s:
        for n in zxx:
            distance = geodistance(t3[m], t4[m], t7[n], t8[n])
            if distance < 2000:
                k = df2.columns[m]
                l = df4.columns[n]
                e.setdefault(l, []).Append(k)
                e.setdefault(l, []).Append(distance)
                o.setdefault(k, []).Append(t3[m])
```

```
            o.setdefault(k, []).Append(t4[m])
            jl.Append(2000)
    for m in rx:
        for n in u:
          distance = geodistance(t3[m], t4[m], t7[n], t8[n])
          if distance < 100:
            k = df2.columns[m]
            l = df4.columns[n]
            e.setdefault(l, []).Append(k)
            e.setdefault(l, []).Append(distance)
            o.setdefault(k, []).Append(t3[m])
            o.setdefault(k, []).Append(t4[m])
            jl.Append(100)
    for m in sx:
        for n in zxx:
          distance = geodistance(t3[m], t4[m], t7[n], t8[n])
          if distance < 100:
            k = df2.columns[m]
            l = df4.columns[n]
            e.setdefault(l, []).Append(k)
            e.setdefault(l, []).Append(distance)
            o.setdefault(k, []).Append(t3[m])
            o.setdefault(k, []).Append(t4[m])
            jl.Append(100)
    print(e)
    for k, v, in o.items():
        v = set(v)
        v = list(v)
        for value in v:
            h.setdefault(k, []).Append(value)
    return render(request, 'ceshi.html',{'data':e,'gh':h})
```

（5）上面代码中调用了一个计算两坐标间距离的函数，上面代码没有包含间距计算函数具体代码，补充代码如下：

```
    def geodistance(lng1,lat1,lng2,lat2):
```

```
        lng1, lat1, lng2, lat2 = map(radians, [float(lng1),
float(lat1), float(lng2), float(lat2)])
        # 经纬度转换成弧度
        dlon = lng2-lng1
        dlat = lat2-lat1
        a = sin(dlat/2)**2 + cos(lat1) * cos(lat2) * sin
        (dlon/2)**2
        distance = 2*asin(sqrt(a))*6371*1000 # 地球平均半
        径，6371km
       distance = round(distance,0)
    return distance
```

通过上述代码完成的 5G 干扰协调网页如图 5.4 所示。

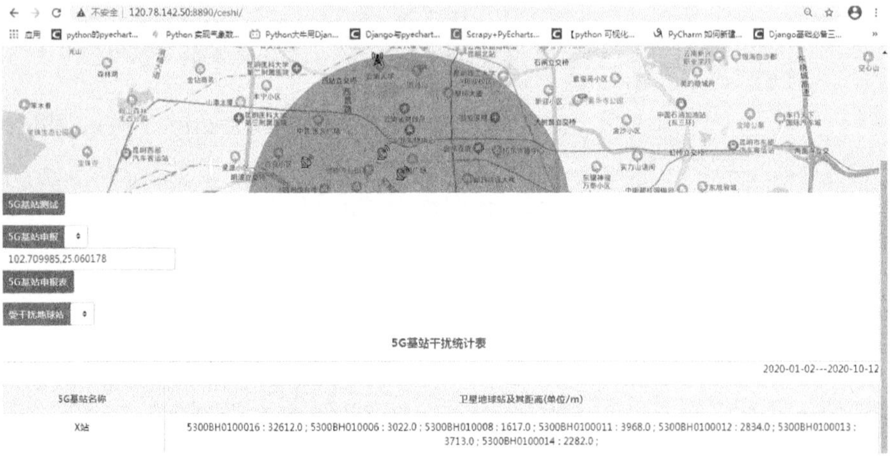

图 5.4　5G 干扰协调网页

下面对页面进行简要说明。

（1）最上方地图即调用百度 API 所做的地图，图中深色区域为卫星地球站的保护范围，卫星地球站图标为 ，5G 基站图标为 ，若 5G 基站在卫星地球站的保护范围内，则表示受到干扰。

（2）地图下方 5G 基站测试按钮是用于测试系统功能是否完整的；5G 基站申报是用于选择设备频段并向后端传输 5G 基站坐标的；5G 基站申报表是用于管理员上传 5G 基站申报表的；受干扰地球站是为了显示受到干扰的地球站编号和坐标。

（3）最下方是 5G 基站干扰统计表，它是为了直观地显示后端计算的所有受干扰基站的计算结果。

通过 Fusion App 对网页进行封装，打包成手机 App 安装包进行安装使用。操作与上面相同，App 功能与上面网页版完全相同，封装后的结果如图 5.5 所示。

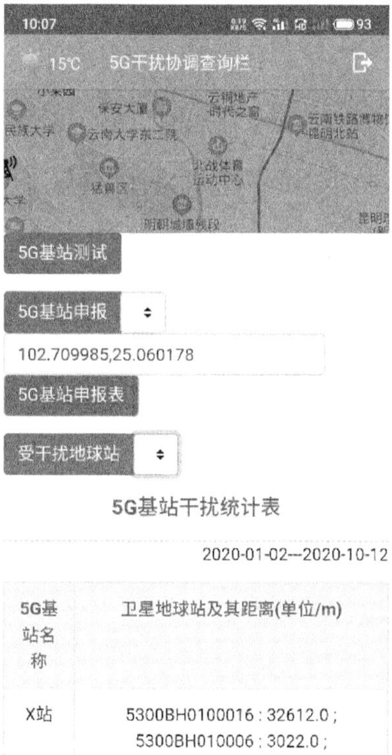

图 5.5　5G 干扰协调 App 截屏

5.2.3　5G 干扰协调 App 功能

图 5.6 为软件主界面，包括 5G 干扰分析、5G 干扰协调、WiFi 监测、基站电磁辐射、占用度测量等模块。点击“5G 干扰协调”按钮进入该模块，如图 5.7（a）所示，具有 5G 基站测试、5G 基站申报、5G 基站申报表和受干扰地球站列表显示功能。点击“5G 基站测试”按钮进入子模块，如图 5.7（b）所示。图 5.8 为 5G 干扰协调子模块的设置与结果显示，该模块将 5G 基站与卫星地球站的干扰协调区半径在地图上进行了展示。使用时，先点击“5G 基站测试”右侧的双箭头状按钮，然后在弹出的选项框内选择要展示的场景，如“卫：3.4-3.6；5G（室外）：3.4-3.6”，最后点击“5G 基站测试”按钮，则地图上显示在该协调场景下的保护范围，如图 5.8（b）所示。

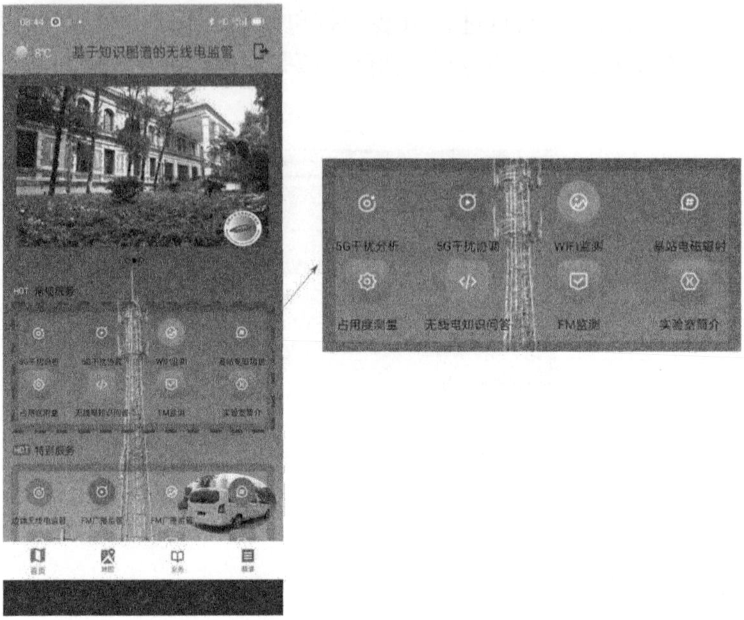

图 5.6　软件主界面

(a)　　(b)

图 5.7　5G 干扰协调模块和 5G 基站测试子模块

系统中包含了卫星地球站的地理位置数据，当要进行 5G 基站申报时，在界面上输入 5G 基站的经纬度，点击“5G 基站申报表”按钮，则将在图 5.9 下方显示受该 5G 基站影响的卫星地球站列表。

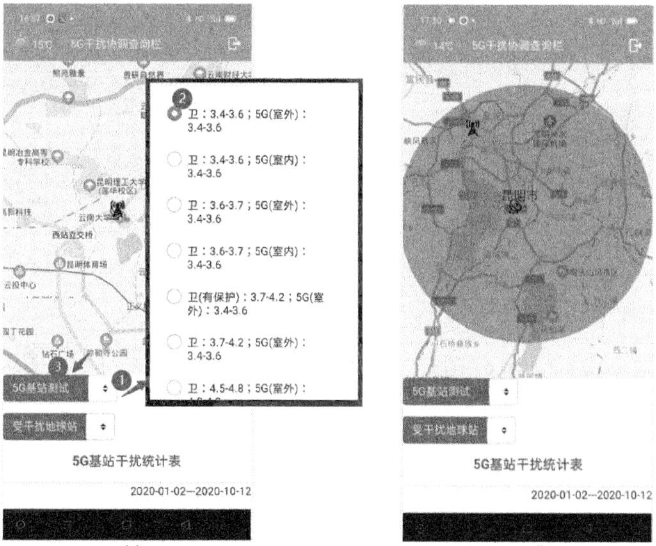

(a)　(b)

图 5.8　5G 干扰协调子模块的设置与结果显示

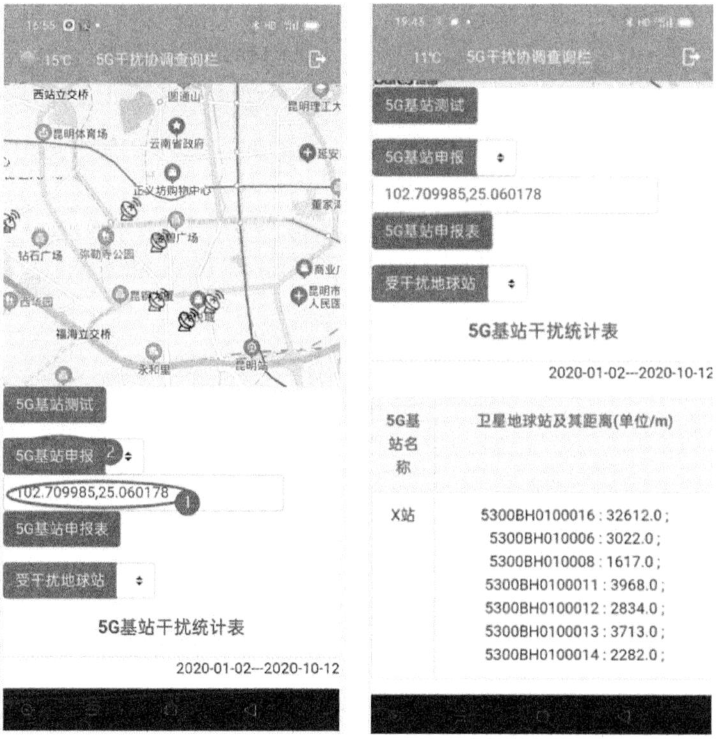

图 5.9　5G 基站申报

5.3 基站电磁辐射

5.3.1 研究背景

基站电磁辐射与人民群众的健康密切相关，随着无线电应用的增加，无线电基站辐射安全成为大家关注的热点，本项目根据 ITU-T K.52 标准计算了基站的电磁辐射情况[44]，计算条件为工作频率 900MHz、偶极天线、理想导体地面、$p' = 0.413$、$r = 0.017$，计算公式为

$$S = \frac{\text{EIRP}_{\max}(1+p')^2}{4\pi[d^2+(h_a-h_b)^2]}(1+ra)\left[\arctan\left(\frac{d}{h_a-h_b}\right)\right]^2$$

式中，S 为能流密度，W/m^2；$\text{EIRP}_{\max}$ 为基站最大功率，W；p'为比例系数 0.413；r 为比例系数 0.017；h_b 为人的高度，m；h_a 为基站高度，m；d 为此时人与基站的距离，m；a 为人与基站的角度，°。

5.3.2 基站电磁辐射 App 开发

根据上述模型，通过 Fusion App 开发了基站电磁辐射 App，软件开发流程如图 5.10 所示，根据程序流程图，基站电磁辐射 App 开发步骤包括四部分：①对应

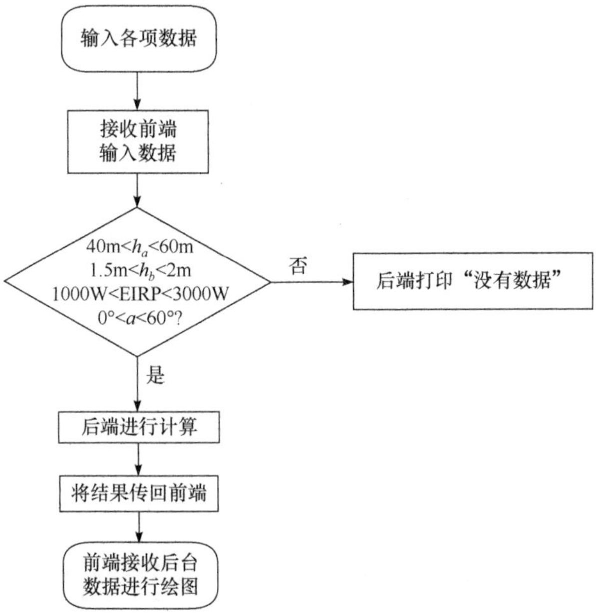

图 5.10 基站电磁辐射 App 开发流程图

流程图中前端参数输入；②前端接收后端计算结果并进行绘图展示；③后端数据接收；④根据输入参数，通过对基站电磁辐射对人影响的距离关系表达式进行计算，并将计算结果传回前端。

（1）前端使用 Bootstrap 框架进行整体布局，在前端输入各个需要计算的参数传至后端，前端向后端传输采用 ajax 技术，代码如下：

```
<script typeof = "text/javascript">
   function print(){
   var a = myform.ha.value;
   var b = myform.hb.value;
   var c = myform.a.value;
   var d = myform.E.value
   if(a ! = ""&&b != ""&&c ! = ""&&d ! = "") {
   var str = "{"+"\""+"参数"+"\""+":"+"\""+a+","+b+",
   "+c+","+d+"\""+"}";
    console.log(str);
      $.ajax({
                url:"/fushe/",
                data: {    // JSON 格式封装数据
                'canshu'  :str,
   },
                type:"post",
                datatype:"json",
                success:function(rst){}})
   }
 }
</script>
```

（2）接收后端返回的计算结果，再使用 echarts 进行绘图显示出各个参数之间的关系，绘图代码如下：

```
<script type = "text/javascript">
          // 基于准备好的 dom，初始化 echarts 实例
          var myChart = echarts.init(document.getElementById
          ('main'));
         // 指定图表的配置项和数据
```

```
        var option = {
            xAxis: {
            type: 'category',
            data: [
                {% for x in data  %}
                    {{ x }}{% if not forloop.last %}, {%
                    endif %}
                {% endfor %}
                ],
            name:'d(m)',
            },
            yAxis: {
            name:'s(W/m²)',
            type: 'value'
            },
            series: [{
            data: [{% for y in data1 %}
              {{ y }}{% if not forloop.last %}, {% endif %}
              {% endfor %}
            ],
            type: 'line',
            smooth: true
            }]
            };
        // 使用刚指定的配置项和数据显示图表
        myChart.setOption(option);
</script>
```

（3）后端接收前端传来的参数代码如下：

```
def fushe(request):
    canshu = str(request.POST.get('canshu'))
    client = pymongo.MongoClient('mongodb://localhost:
    27017')
    canshu1 = client['node']
    try:
```

```
        out12 = canshu1.create_collection('canshu',
        cApped = True, size = 1024 * 1024, max = 1)
    except:
        out12 = canshu1['canshu']
    if canshu == 'None':
        print('没有数据')
    else:
        user_dict = ast.literal_eval(canshu)
        a=dict(a=user_dict)
        out12.insert(a)
    df_canshu = pd.DataFrame(list(out12.find())).T
```

（4）通过对基站电磁辐射对人影响的距离关系表达式进行计算，并将计算结果传回前端进行展示，代码如下：

```
c = []
f = {}
r = 0.017
p = 0.413
b = [0, 10, 20, 40, 60, 100, 120]
if len(df_canshu) == 0:
    print('没有数据')
else:
    d = df_canshu.iloc[1].values
    df1 = pd.DataFrame(d)
    df2 = pd.DataFrame([df1.iloc[0, :][0]])
    for i in range(len(df2.columns)):
        x = np.float(df2.iloc[0, :][i].split(',')[0])
        y = np.float(df2.iloc[0, :][i].split(',')[1])
        x1 = np.float(df2.iloc[0, :][i].split(',')[2])
        y1 = np.float(df2.iloc[0, :][i].split(',')[3])
        E=y1
        ha=x
        hb=y
        a=x1
        for i in b:
```

```
        d = i
        r = 0.017
        p = 0.413
        b = [0, 10, 20, 40,  60, 100, 120]
        q = 4 * math.pi
        s1 = (E * math.pow((1 + p), 2)) / (q * (math.pow
        (d, 2) + math.pow(ha - hb, 2)))
        s2 = (1 + r * a) * math.pow(math.atan(d / (ha
        - hb)), 2)
        s = s1 * s2
        c.Append(s)
        f[d]=s
return render(request, 'fushe.html',{'data':b,'data1':
c,'data2':f})
```

通过 Fusion App 对网页进行封装，打包成手机 App 安装包进行安装使用，具体操作为在 Fusion App 的配置栏中选择浏览器配置模块，在启动网页一栏中将前面制作的网页网址填写，再点击“打包”即可生成 App 的 apk 安装包，如图 5.11 所示（所使用的控件部分见框选内容）。

图 5.11　子页面编辑

5.3.3　基站电磁辐射 App 功能

图 5.12 为基站电磁辐射仿真界面，在参数输入区输入 h_a、h_b、a 和 EIRP 的值，将在下方显示功率和距离的关系图和关系表。参数取值范围 h_a 为 40～60m，h_b 为 1～2.5m，a 为 0°～60°和 EIRP 为 1000～3000W。例如，在图 5.12（a）的输入框中输入 $h_a = 50\text{m}$，$h_b = 2\text{m}$，$a = 35°$，EIRP=2000W，得到功率和距离的关系图和关系表如图 5.12（b）所示。

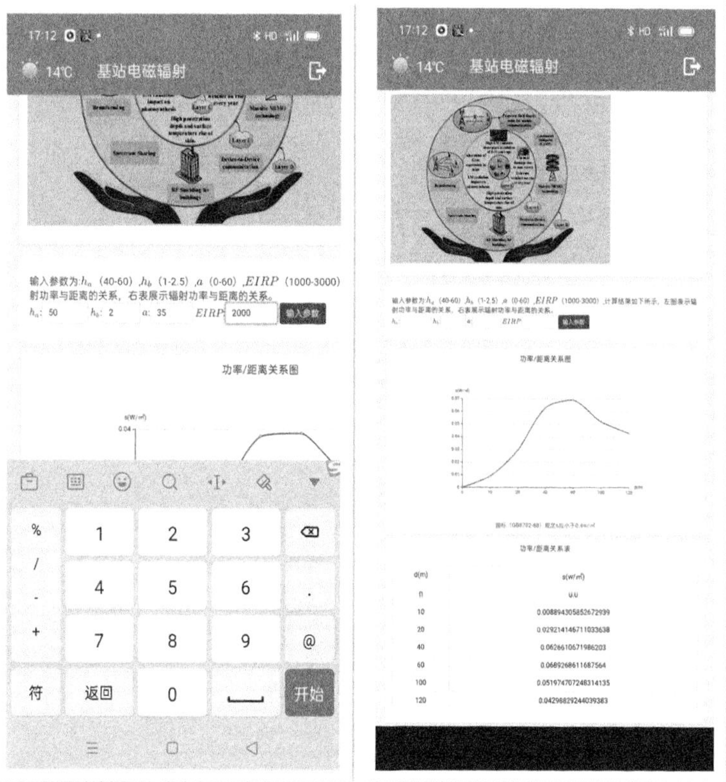

(a)　　　　　　　　(b)

图 5.12　基站电磁辐射仿真界面

5.4　占用度测量

5.4.1　研究背景

无线电频谱占用度是计量频谱资源利用率的方法。与土地、矿场和水等其他资源计量的客观性不同，无线电频谱资源的利用情况非常复杂，很难精确客观地计量，例如,《无线电频率占用度测量要求及方法》(工信部无 2016379 号-9)[45]规定了信道占用度和频段占用度的测量方法。其中，信道占用度定义为“利用设备对连续的或者离散的信道进行扫描测量，信号幅度大于某一门限电平值的时间与总测量时间的百分比”; 频段占用度定义为“在测量时间内，利用设备对某一频段进行信道占用度测量，占用度测量数据大于某一占用度判决门限的信道数与总信道数的百分比”。由此可见，测量占用度时，判决门限是关键。然而，对于这样一个关键参数的取值问题，规范描述为“一般初始设定为 5dB，可根据测量结果进行调整”。显然，无线电频谱占用度的测量结果除设备性能，还依赖于测量人员的经验。因此，探索无线电频谱占用度测量方法，尤其是测量结果不依赖于测量人员经验的方法尤其重要。

5.4.2 占用度测量 App 开发

根据《无线电频率占用度测量要求及方法》(工信部无 2016379 号-9)，通过 Fusion App 开发了占用度测量 App，软件开发流程如图 5.13 所示。根据程序流程图，占用度测量 App 开发步骤包括四部分：①对应流程图中前端数据绘图展示；②后端取出数据库中各个信道数据作为数据源；③对数据按照时间进行分类；④根据占用度的计算公式对各频段占用度进行计算，并将计算结果传输到前端。

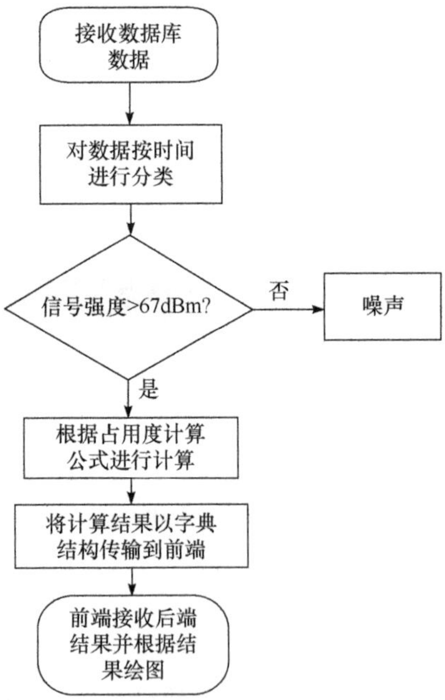

图 5.13 占用度测量 App 开发流程图

（1）前端使用 Bootstrap 框架进行整体布局，然后接收后端返回的计算结果使用 echarts 进行绘图显示出各个时间段的各个频段的占用度情况，由于这四种图在前端上编写代码的逻辑和结构上都是相同的，展示出来较长，此处展示一个即可，代码如下：

```
<div id="demo4" class="collapse" align="center" >
<div id="main5" style="width:681px;height:400px;display:
inline-block"></div>
</div>
<script type="text/javascript">
        // 基于准备好的 dom，初始化 echarts 实例
        var myChart=echarts.init(document.getElementB yId
        ('main5'));
       // 指定图表的配置项和数据
        var option={
            legend:{
        data: ['平均值', '最大值','最小值']
        },
toolbox: {
        feature: {
            dataZoom: {
                yAxisIndex: 'none'
            },
            restore: {},
            saveAsImage: {}
        }
},
xAxis: {
    name:"频率",
    type: 'category',
    data: [{% for t1 in data44 %}
                    {{t1}}{% if not forloop.last %}, {%
                    endif %}
                {% endfor %}]
},
```

```
 yAxis: {
   name:"场强",
   max:100,
   type: 'value',
   boundaryGap: [0, '100%']
},
series: [{
   name: '平均值',
   data: [{% for pjz in data45 %}
                    "{{pjz}}"{% if not forloop.last %},
                     {% endif %}
                {% endfor %}],
   type: 'line',
   smooth: true
},
{
      name: '最大值',
      type: 'line',
      smooth: true,

      data: [{% for max in data46 %}
          {{ max }}{% if not forloop.last %}, {% endif %}
          {% endfor %}]
      },{
      name: '最小值',
      data: [{% for min in data47 %}
                      "{{min}}"{% if not forloop.last
                        %}, {% endif %}
                   {% endfor %}],
      type: 'line',
      smooth: true
   },]
};
      // 使用刚指定的配置项和数据显示图表
      myChart.setOption(option);
```

```
</script>
```

（2）后端取出数据库中各个信道数据作为数据源，代码如下：

```
def zhanyongdu(request):
     x = []
    for root, dirs, files in os.walk("F:/111/static/data"):
       for f in files:
           path = os.path.join(root, f)
           with open(path, 'r', encoding = 'utf8')as fp:
               json_data = json.load(fp)
               x.Append(json_data)
```

（3）对数据按照时间进行分类，代码如下：

```
time = []
time1 = []
arr = -67
tz = []
tz0 = []
tz1 = []
tz2 = []
tz3 = []
tz4 = []
tz5 = []
tz6 = []
tz7 = []
pz = []
da = []
pzx = []
for i in range(0, 144):
    d = x[i]
    q = d["spectrum"]
    da.Append(q)
    z = 0
    z0 = 0
    z1 = 0
```

```
    z2 = 0
    z3 = 0
    z4 = 0
    z5 = 0
    z6 = 0
    z7 = 0
```

（4）根据占用度的计算公式对各频段占用度进行计算，并将计算结果传递给前端，代码如下：

```
for k in range(478, 482):
    if q[k] > arr:
        z = z + 1
zz = (z / 5)*100
tz.Append(zz)
for K in (78, 82):
    if q[K] > arr:
        z0 = z0 + 1
zz0 = (z0 / 5) * 100
tz0.Append(zz0)
for k in range(30, 34):
    if q[k] > arr:
        z1 = z1 + 1
zz1 = (z1 / 5) * 100
tz1.Append(zz1)
for k in range(150, 154):
    if q[k] > arr:
        z2 = z2 + 1
zz2 = (z2 / 5) * 100
tz2.Append(zz2)
for k in range(398, 402):
    if q[k] > arr:
        z3 = z3 + 1
zz3 = (z3 / 5) * 100
tz3.Append(zz3)
for k in range(438, 442):
```

```
        if q[k] > arr:
            z4 = z4 + 1
    zz4 = (z4 / 5) * 100
    tz4.Append(zz4)
    for k in range(478, 482):
        if q[k] > arr:
            z5 = z5 + 1
    zz5 = (z5 / 5)*100
    tz5.Append(zz5)
    for k in range(610,614):
        if q[k] > arr:
            z6 = z6 + 1
    zz6 = (z6 / 5) * 100
    tz6.Append(zz6)
    for k in range(758, 762):
        if q[k] > arr:
            z7 = z7 + 1
    zz7 = (z7 / 5) * 100
    tz7.Append(zz7)
    da1 = np.array(da)
    for j in range(0, 80):
        y = 0
        for i in range(0, 144):
            if da1[:, j][i] > arr:
                y = y + 1
        yy = (y / 144)*100
        pz.Append(round(yy))
    for i in range(0,144):
        ii = i/6
        time.Append(int(ii))
    for i in range(0,24):
        time1.Append(i)
    for i in range(0,80) :
        d = x[1]["freq"][i]/1000000
        pzx.Append(d)
```

```
u1 = []
u2 = []
u3 = []
u4 = []
u5= []
u6 = []
u7 = []
u8 = []
u9 = []
n = 6
n4=1
m1 = [tz1[i:i + n] for i in range(0, len(tz1), n)]
m2 = [tz2[i:i + n] for i in range(0, len(tz2), n)]
m3 = [tz3[i:i + n] for i in range(0, len(tz3), n)]
m4 = [tz4[i:i + n] for i in range(0, len(tz4), n)]
m5 = [tz5[i:i + n] for i in range(0, len(tz5), n)]
m6 = [tz6[i:i + n] for i in range(0, len(tz6), n)]
m7 = [tz7[i:i + n] for i in range(0, len(tz7), n)]
m8 = [tz[i:i + n4] for i in range(0, len(tz), n4)]
m9 = [tz0[i:i + n4] for i in range(0, len(tz0), n4)]
for i in range(0, 24):
    c = 0
    for j in range(0, n):
        c = c + m1[i][j]
    cc = (c/n)
    u1.Append(round(cc))
for i in range(0, 24):
    c = 0
    for j in range(0, n):
        c = c + m2[i][j]
    cc = (c/n)
    u2.Append(round(cc))
for i in range(0, 24):
    c = 0
    for j in range(0, n):
```

```
            c = c + m3[i][j]
        cc = (c/n)
        u3.Append(round(cc))
    for i in range(0, 24):
        c = 0
        for j in range(0, n):
            c = c + m4[i][j]
        cc = (c/n)
        u4.Append(round(cc))
    for i in range(0, 24):
        c = 0
        for j in range(0, n):
            c = c + m5[i][j]
        cc = (c/n)
        u5.Append(round(cc))
    for i in range(0, 24):
        c = 0
        for j in range(0, n):
            c = c + m6[i][j]
        cc = (c/n)
        u6.Append(round(cc))
    for i in range(0, 24):
        c = 0
        for j in range(0, n):
            c = c + m7[i][j]
        cc = (c/n)
        u7.Append(round(cc))
    for i in range(0, 144):
        c = 0
        for j in range(0, n4):
            c = c + m8[i][j]
        cc = (c / n4)
        u8.Append(round(cc))
    for i in range(0, 144):
        c = 0
```

```
        for j in range(0, n4):
            c = c + m9[i][j]
        cc = (c / n4)
        u9.Append(round(cc))
    q1 = dict(zip(time1, u1))
    q2 = dict(zip(time1, u2))
    q3 = dict(zip(time1, u3))
    q4 = dict(zip(time1, u4))
    q5 = dict(zip(time1, u5))
    q6 = dict(zip(time1, u6))
    q7 = dict(zip(time1, u7))
    pz2 = []
    timee = []
    for i in range(0, 144):
        timee.Append(i)
    n11 = 18
    m11 = [timee[i:i + n11] for i in range(0, len(timee), n11)]
    for j in range(0, 801):
        for k in range(0, 8):
            y = 0
            for i in m11[k]:
                if da1[:, j][i] > arr:
                    y = y + 1
            yy = (y / 18) * 100
            pz2.Append(yy)
    n2 = 8
    m22 = [pz2[i:i + n2] for i in range(0, len(pz2), n2)]
    pz1 = []
    pzx1 = []
    for i in range(0, 801):
        for j in range(0, 8):
            q = [j, i, round(m22[i][j])]
            pz1.Append(q)
    for i in range(0,801) :
        d = x[1]["freq"][i]/1000000
```

```
        pzx1.Append(d)
    pjz = []
    max = []
    min = []
    for i in range(0, 801):
        pj = 0
        for j in range(0, 144):
            pj = da1[:, i][j] + pj
        zzz = round(pj / 144) + 107
        pjz.Append(zzz)
    for i in range(0, 801):
        ma = -200
        for j in range(0, 144):
            if da1[:, i][j] > ma:
                ma = da1[:, i][j]
        max.Append(round(ma) + 107)
    for i in range(0, 801):
        mi = 0
        for j in range(0, 144):
            if da1[:, i][j] < mi:
                mi = da1[:, i][j]
        min.Append(round(mi) + 107)
    return render(request, 'zhanyongdu.html', context={"data 30":
    time,"data31": pzx,"data32": u8,"data33 ": pz,"data34":
    u9,"data35": q1,"data36": q2,"data37":q3,"data38": q4,
    "data39": q5,"data40": q6,"data41": q7,"data42": time1,"
    data43": pz1,"data44": pzx1,"data45": pjz,"data46": max,
    "da ta47": min,})
```

通过 Fusion App 对网页进行封装打包成手机 App 安装使用，操作与上面相同。

5.4.3　占用度测量 App 功能

图 5.14 为信号幅度变化图，反映某一频率/信道在不同时间的场强/电平变化趋势，或者某一频段在同一时间的场强/电平分布。若占用度测量时记录幅度的最

大值、最小值、平均值，则可同时比较显示。横轴为时间、纵轴为场强/电平，或者横轴为频率、纵轴为场强/电平，三个箭头指向幅度的最大值、最小值、平均值曲线。三条曲线的数据来自 24 小时采集的原始数据，分别绘制出在 24 小时内各个频率点场强的最大值/最小值/平均值的曲线。

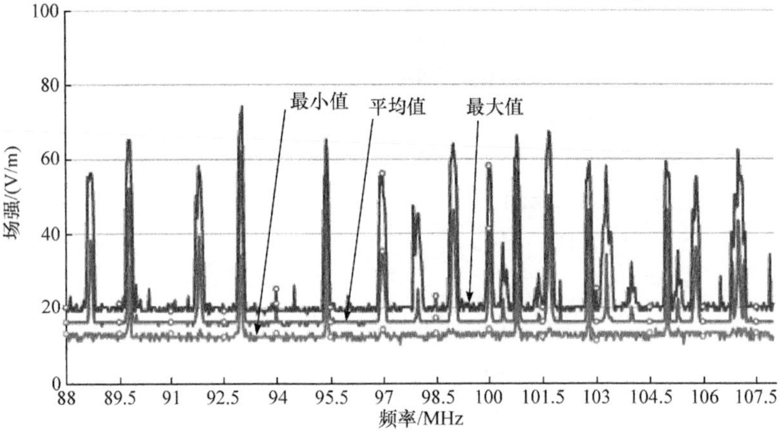

图 5.14　信号幅度变化图

图 5.15 为时间占用度曲线图，反映某一频率/信道不同时间占用度的变化曲线。横轴为时间，纵轴为占用度，时间分辨率取决于占用度测量时的统计时间间隔。各个信道的占用度计算公式为：该时间段占用度=（该时间段信号强度大于阈值的数据点个数/该时间段采集的数据点总个数）×100%。

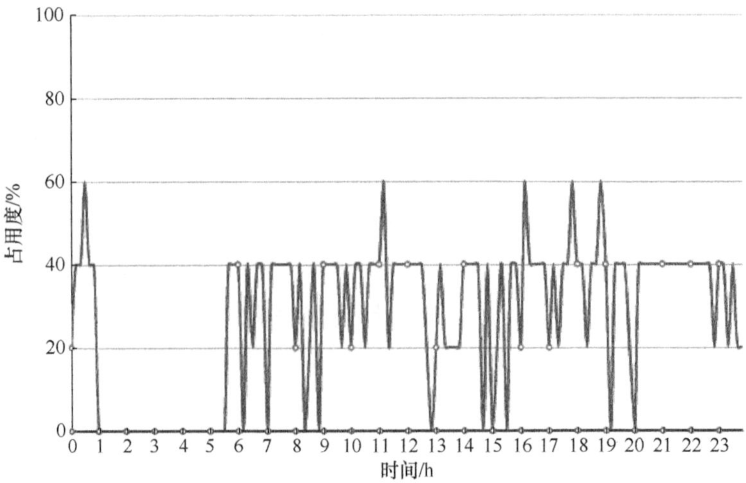

图 5.15　时间占用度曲线图（100μHz）

图 5.16 为频率占用度曲线图，反映某一频段不同频率/信道在所定义时间段内的占用度。横轴为频率，纵轴为占用度，频率分辨率取决于频段扫描时设置的接收机分辨率带宽，对于离散信道扫描步进则为各个离散频率。各个频率的占用度计算公式为：频率占用度=（该频率在 24h 内大于阈值的数据点个数/该 24h 采集的数据点总个数）×100%。

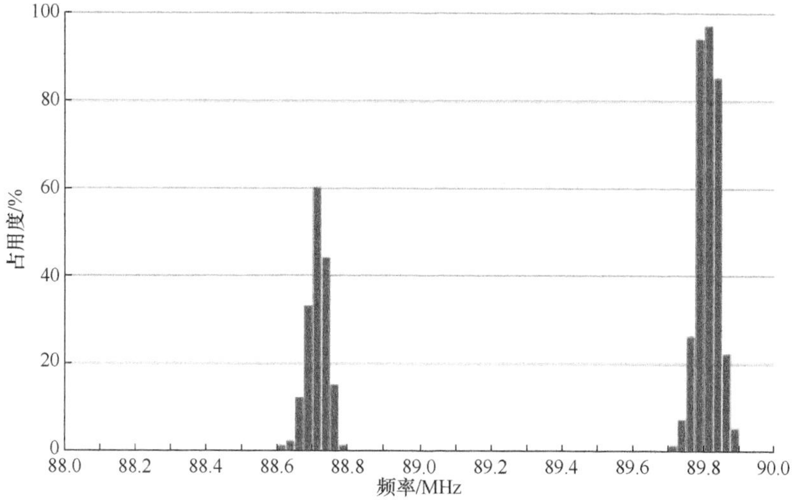

图 5.16　频率占用度曲线图

图 5.17 为占用度光谱图，用灰度表示频段占用度，反映了不同频率/信道在不同时间的占用度变化。图中，横轴为频率，纵轴为时间，灰度代表占用度。各个

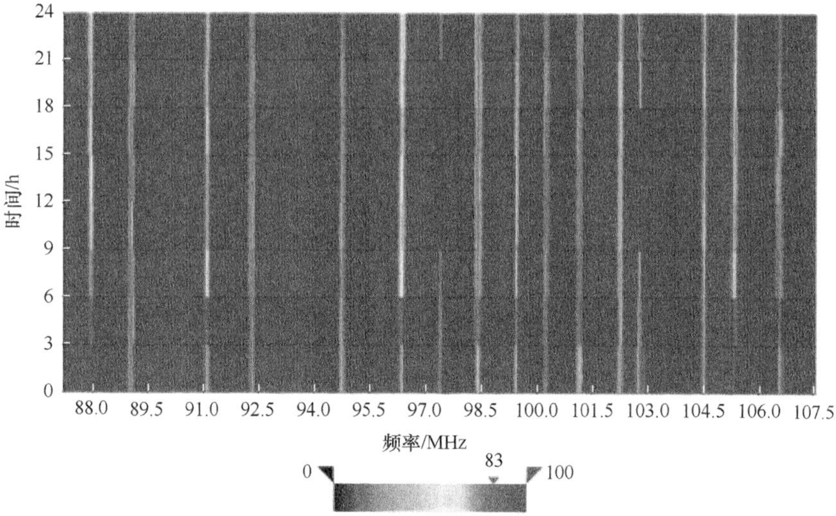

图 5.17　占用度光谱图

时间段占用度计算公式为：该时间段占用度=（该时间段信号强度大于阈值的数据点个数/该时间段采集的数据点总个数）×100%。

图 5.18 为占用度全景快速展示图。横轴为时间，纵轴为频率，颜色是根据需要定义的不同等级的占用度（图下方的尺标可以拉动）。

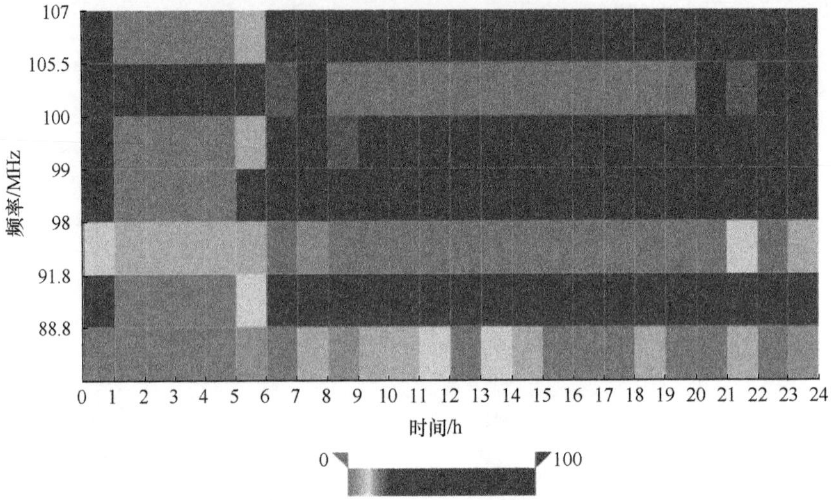

图 5.18　占用度全景快速展示图

5.5　FM 广播监测

5.5.1　研究背景

据中国无线电管理年度报告，2019 年全年国家无线电管理机构持续加大无线电监测、干扰以及对非法生产、销售、使用无线电发射设备的查处力度，全年共处理国际国内短波、卫星等无线电干扰投诉 76 起，各地无线电管理机构共查处无线电干扰 1959 起，其中“黑广播”违法犯罪案件 1921 起，“黑广播”案件排名第一[46]。因此，本项目以 FM 广播监测为例进行研究具有重要意义。

5.5.2　FM 广播监测 App 开发

FM 广播监测 App 软件开发流程如图 5.19 所示，根据程序流程图，FM 广播监测 App 开发步骤包括十部分：①保存实验室设备采集的 FM 广播数据；②频谱划分，将 FM 原始信号按照频率划分频段；③频道划分，根据划分的频段和已知的各频道频段划分频道；④时序化处理，将采集的各时间段的各信号按照时间顺序进行排序；⑤频谱异常监测，通过各频道信号强度比较找出问题信号（黑广播）；

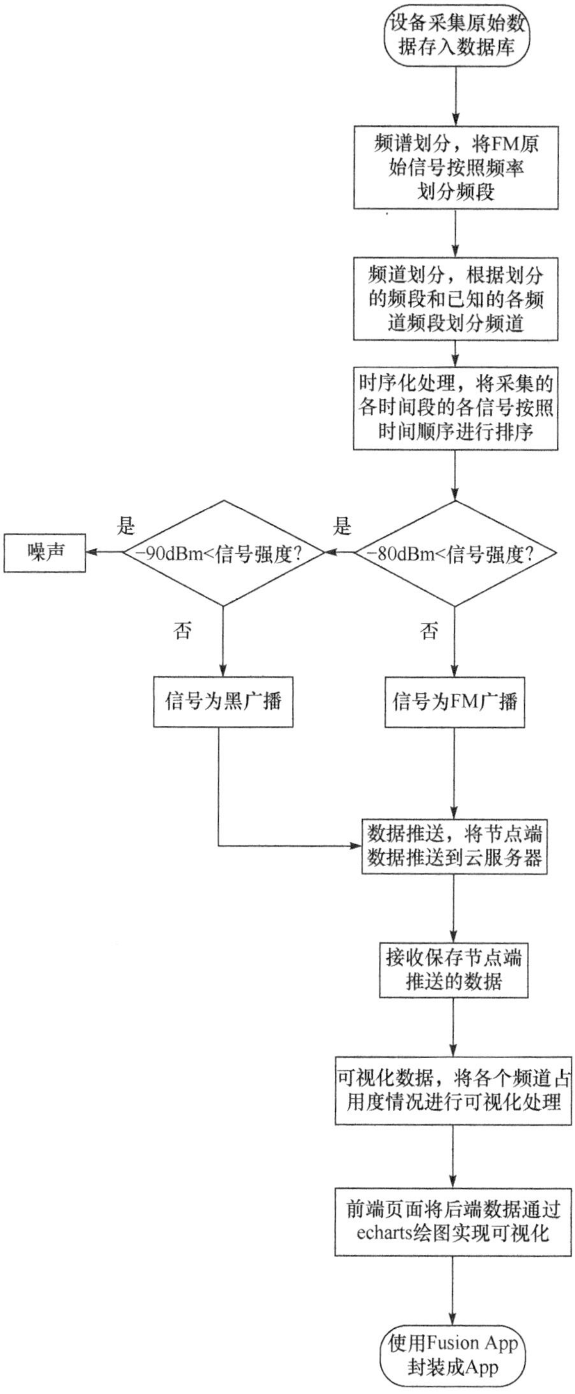

图 5.19　FM 广播监测 App 软件开发流程图

⑥数据推送，将节点端数据推送到云服务器；⑦接收保存节点端推送的数据；⑧ 可视化数据，将各个频道占用度情况进行可视化处理；⑨前端页面将后端数据通过 echarts 绘图实现可视化；⑩使用 Fusion App 封装成 App。

（1）保存实验室设备采集的 FM 广播数据，代码如下：

```
def postdata():
now_time = datetime.datetime.now().strftime("%Y-%m
-%d %H:%M:%S")
    print(now_time)
    print("采集频谱...")
    requests.get("http://localhost:9797/closefm/")
    time.sleep(1)
    startf = 88
    stopf = 108
    sband = 4
    url = 'http://localhost:9797/scanpost/'
    specs = []
    freqs = []
    for i in range(int((stopf - startf) / sband)):
        body = {"centerfreq": startf + sband / 2 * i
        + sband / 2 * (i + 1), "bandwidth": sband, "rbw":
        10}
        response = requests.post(url, data=body)
        info = response.json()
        freqs += info['freq']
        specs += info['spectrum']
    freq = [round(f / 1e6, 3) for f in freqs]
    spec = [round(s, 3) for s in specs]
    specdata = dict(freq = freq,spec = spec,time = now_time)
    # mydb2 = myclient.fmdata
    # mycol2 = mydb2.orfm
    # mycol2.insert_one(specdata)
return specdata
```

（2）频谱划分，将 FM 原始信号按照频率划分频段，代码如下：

```
def onefm2db(specdata):
    print("处理频谱...")
    freq = specdata['freq']
    spec = specdata['spec']
    tname = specdata['time']
    freq = [round(f, 1) for f in freq]
    fdsl = defaultdict(list)
    for k, va in [(v, i) for i, v in enumerate(freq)]:
        fdsl[k].Append(va)
    specone = []
    freqone = list(fdsl.keys())
    for fo in freqone:
        sys = fdsl[fo]
        sp0 = 0
        for sy in sys:
            sp0 += spec[sy]
        specone.Append(round(sp0 / len(sys), 2))
    onefm = dict(freq = freqone, spec = specone, time = tname)
    mydb2 = myclient.fmdata
    mycol2 = mydb2.onefm
    mycol2.insert_one(onefm)
return onefm
```

（3）频道划分，根据划分的频段和已知的各频道频段划分频道，代码如下：

```
def channels2db(onefm):
    print("划分频道...")
    mydb = myclient.authfm
    mycol = mydb.km
    authfm = []
    for col in mycol.find({}, {"_id": 0}):
        authfm.Append(col)
    freq = onefm['freq']
    spec = onefm['spec']
    tname = onefm['time']
    with open("D:/FMSystemnode/static/data/mx.json","r")
```

```
as f:
#with open("../static/data/mx.json","r") as f:
    data = json.load(f)
height = data["height"]
print("height:",height)
posispec = [i + 105 for i in spec]
vector = np.array(posispec)
indexes, _ = scipy.signal.find_peaks(vector, height=
height, distance = 3)
freqs = []
for index in indexes:
    freqs.Append(freq[index])
freqs = [str(f)+"MHz" for f in freqs]
freqnames = []
authfmlen = 0
auf = []
noauf = []
for f in freqs:
    cflag = 0
    if f == "106.8MHz":
        f = "107.0MHz"
    if f == "107.2MHz":
        continue
    for c in authfm:
        if f == c["centerfreq"]:
            freqnames.Append(c["fmname"])
            auf.Append(f)
            authfmlen += 1
            cflag = 1
            break
    if cflag == 0:
        freqnames.Append("未知")
        noauf.Append(f)
print(noauf)
savedata = dict(time = tname,freqs = freqs,freqnames =
```

```
    freqnames,allfmlen = len(freqs),authfmlen = authfmlen,
                noauthfmlen = len(freqs) - authfmlen,auf =
                auf, noauf = noauf)
    mydb2 = myclient.fmdata
    mycol2 = mydb2.channels
    mycol2.insert_one(savedata)
return savedata
```

（4）时序化处理，将采集的各时间段的各信号按照时间顺序进行排序，代码如下：

```
def ts2db(onefm,channels):
    print("时间序列...")
    freqone = onefm['freq']
    specone = onefm['spec']
    tname = onefm['time']
    auf = channels['freqs']
    auf = [float(f.split("MHz")[0]) for f in auf]
    freqoneh = [str(f).replace(".", "-") for f in freqone]
    fs = {}
    fp = {}
    for i in range(len(freqone)):
        fp[str(freqoneh[i])] = specone[i]
        if freqone[i] in auf:
            fs[str(freqoneh[i])] = 1
        else:
            fs[str(freqoneh[i])] = 0
    ts = dict(fs = fs,fp = fp,time = tname)
    # xl = dict(fs = fs, fp = fp, time = tname)
    mydb = myclient.fmdata
    mycol = mydb.tsfm
    # mycol1 = mydb.xlfm
    mycol.insert_one(ts)
    # mycol1.insert_one(xl)
return ts
```

（5）频谱异常监测，通过各频道信号强度比较找出问题信号（黑广播），代码如下：

```
def classify(freq):
    freq = freq.replace("-", ".")
    print(freq, "比较异常")
    mydb = myclient.fmdata
    mycol = mydb.originfm
    alldata = []
    for col in mycol.find({},{"_id": 0}).sort("_id ",
    pymongo.DESCENDING).limit(1):
        alldata.Append(col)
    getdata = []
    for i in range(len(alldata)):
        for j in range(len(alldata[i]['freq'])):
            if alldata[i]['freq'][j] == float(freq):
                testspec = alldata[i]['spec'][j-5:j+5]
                break
        getdata.Append(testspec)
    Train_data = []
    for i in range(len(getdata)):
        y = np.array(getdata[i])
        Train_data.Append(y)
    Train_data = np.array(Train_data)
    X_train = Train_data / (-105)
    our_model = load_model("D:/FMSystemnode/node/model/"
    + str(freq).replace(".", "_") + ".h5")
    predict = our_model.predict_classes(X_train)
    if predict == 0:
        res = "正常"
    elif predict == 1:
        res = "异常"
    else:
        res = "噪声"
    print("分类结果;",res)
```

```
return predict,res
```

（6）数据推送，将节点端数据推送到云服务器，代码如下：

```
def classult2db(ts):
    newts = ts
    nowtime = newts['time']
    nowtime = datetime.datetime.strptime(nowtime, '%Y-%m
    -%d %H:%M:%S')
    #yesterday = (nowtime - datetime.timedelta(days =
    1)).strftime('%Y-%m-%d %H:%M:%S')  # 昨天当前时间
    #yesterday = datetime.datetime.strptime(yesterday,
    '%Y-%m-%d %H:%M:%S')
    mydb2 = myclient.authfm
    mycol2 = mydb2.km
    auf = []
    for col in mycol2.find({}, {"_id": 0}):
        auf.Append(col)
    count = 0
    fp = {}
    fr = {}
    fs = {}
    for i in range(len(auf)):
        freq = auf[i]['centerfreq'].split("MHz")[0].
        replace(".", "-")
        if auf[i]['starttime'] != "":
            # 范围时间
            start_time = datetime.datetime.strptime(str
            (datetime.datetime.now().date()) + ' '+auf[i]
            ['starttime'], '%Y-%m-%d %H:%M:%S')
            stop_time = datetime.datetime.strptime(str
            (datetime.datetime.now().date())  +  '  '+auf
            [i]['stoptime'], '%Y-%m-%d %H:%M:%S')
            # 判断当前时间是否在范围时间内
           if nowtime > start_time and nowtime < stop_time:
               pass
```

```
            '''
            mydb = myclient.fmdata
            mycol = mydb.tsfm
            tss = []
            for col in mycol.find({},{"_id": 0}).sort
            ("_id",pymongo.DESCENDING).limit(288):
                tss.Append(col)
            durn = []
            for t in tss:
                tt = datetime.datetime.strptime(t[
                'time'], '%Y-%m-%d %H:%M:%S')
                durn.Append((yesterday - tt).seconds)
                # 两个时间差，并以秒显示出来
            oldts = tss[durn.index(min(durn))]
            '''
           # if newts['fs'][freq] != oldts['fs'][freq]:
            # if newts['fp'][freq] > -90:
            #     fs[freq] = newts['fp'][freq]
            #     predict, res = classify(freq)
            #     fp[freq] = float(predict)
            #     fr[freq] = res
            #     if res == "异常":
            #         count = +1
warnnode = nodeinfo()
if count != 0:
    warnnode['warn'] = "异常"
else:
    warnnode['warn'] = "正常"
try:
    requests.post("http://10.8.0.1:8001/uploadwarn/",
    data = warnnode)
    #requests.post("http://192.168.80.11:8001/
    uploadwarn/", data = warnnode)
    #requests.post("http://192.168.67.90:8001/
    uploadwarn/",data = warnnode)
```

```
    except:
        print("send fail")
    if fs:
       savedata = dict(time = newts['time'],fs = fs,fp = fp,fr = fr)
        mydb = myclient.fmdata
        mycol = mydb.timecomparefm
    mycol.insert_one(savedata)
```

（7）接收保存节点端推送的数据，代码如下：

```
def downloadfm(request):
lng = request.POST.get("lng")
mydb2 = myclient.fmdata
mycol5 = mydb2.warninfo
for col in mycol5.find({"lng":lng}, {"_id": 0}):
     fmnode = col
nodeurl = fmnode['nodeurl']
nodecode = fmnode['nodecode']
city = fmnode['city']
try:
    res = requests.get("http://"+nodeurl+":8000/download
    data/", timeout = 5)
    dl = res.json()
    mydb = myclient["fmdata"+str(nodecode)]
    # 最新频谱
    try:
        mycol = mydb.create_collection('onefm', cApped =
        True, size = 1024 * 1024*10, max = 1)
    except:
        mycol = mydb["onefm"]
    mycol.insert_one(dl['specdata'])
    # 频道列表
    try:
        mycol2 = mydb.create_collection('channels',
        cApped = True, size = 1024 * 1024*10, max = 1)
    except:
```

```
        mycol2 = mydb["channels"]
    mycol2.insert_one(dl['channels'])
    # 频道图
    try:
        mycol4 = mydb.create_collection('authfm',cApped =
        True, size = 1024 * 1024*10, max = 1)
    except:
        mycol4 = mydb["authfm"]
    mycol4.insert_one(dl['authdata'])
    # 时间序列
    try:
        mycol3 = mydb.create_collection('tsfm', cApped =
        True, size = 1024 * 1024*10, max = 1)
    except:
        mycol3 = mydb["tsfm"]
    mycol3.insert_one(dl['timedata'])
    # fl
    try:
        mycol5 = mydb.create_collection('timecomparef m',
        cApped = True, size = 1024 * 1024*10, max = 1)
    except:
        mycol5 = mydb["timecomparefm"]
    mycol5.insert_one(dl['fldata'])
    msg = "数据更新成功!"
except:
    msg = "数据更新失败!请检查节点网络!"
return HttpResponse(json.dumps({"msg": msg,"nodecode":
nodecode,"city":city}))
```

（8）可视化数据，将各个频道占用度情况进行可视化处理，代码如下：

```
def index(request):
    mydb0 = myclient.fmdata
    mycol0 = mydb0.warninfo
    fmnode = []
    for col in mycol0.find({}, {"_id": 0}):
```

```
            fmnode.Append(col)
        print(fmnode)
        for fn in fmnode:
            mydb = myclient["fmdata"+str(fn['nodecode'])]
            mycol = mydb.onefm
            specdata = {}
            for col in mycol.find({}, {"_id": 0}).sort("_id",
            pymongo.DESCENDING).limit(1):
                specdata = col
            if not specdata:
                print(fn['city']," no data")
    res = requests.get("http://"+fn['nodeurl']+":8000/
    downlo addata/")
                dl = res.json()
                mydb = myclient["fmdata"+str(fn['nodecode'])]
                # 最新频谱
                try:
                    mycol = mydb.create_collection('onefm',
                    cApped = True, size = 1024 * 1024*10, max = 1)
                except:
                    mycol = mydb["onefm"]
                mycol.insert_one(dl['specdata'])
                # 频道列表
                try:
                    mycol2 = mydb.create_collection('channels',
                    cApped = True,size = 1024 * 1024*10,max = 1)
                except:
                    mycol2 = mydb["channels"]
                mycol2.insert_one(dl['channels'])
                # 频道图
                try:
                    mycol4 = mydb.create_collection('authfm',
                    cApped = True,size = 1024 * 1024*10,max = 1)
                except:
                    mycol4 = mydb["authfm"]
```

```
        mycol4.insert_one(dl['authdata'])
        # 时间序列
        try:
            mycol3 = mydb.create_collection('tsfm',
            cApped = True,size = 1024 * 1024*10, max = 1)
        except:
            mycol3 = mydb["tsfm"]
        mycol3.insert_one(dl['timedata'])
         #xl
        try:
            myco31 = mydb.create_collection('xlfm',
            cApped = True,size = 1024 * 1024*10,max = 1)
        except:
            myco31 = mydb["xlfm"]
        myco31.insert_one(dl['xldata'])
        # fl
        try:
            mycol5 = mydb.create_collection(
            'timecomparefm',cApped = True,size = 1024
            * 1024*10,max = 1)
        except:
            mycol5 = mydb["timecomparefm"]
        mycol5.insert_one(dl['fldata'])
client = pymongo.MongoClient("localhost")
db = client["fmdata1"]
out4 = db["tsfm"]
df = pd.DataFrame(list(out4.find())).T
time = df.iloc[1, :][0][-144:]
data1 = df.iloc[3, :][0][-144:]
date_list = []
arr = -90
for val in time:
    h = int(val.split(' ')[1].split(':')[0]) * 3600
    m = int(val.split(' ')[1].split(':')[1]) * 60
    s = int(val.split(' ')[1].split(':')[2])
```

```
    f_data = h + m + s
    date_list.Append(f_data)
sort_list = list(np.argsort(date_list))
new_data_list = []
for i in sort_list:
    val = data1[i]
    new_data_list.Append(val)
dict_first = new_data_list[0]
coordinate_list = []
for key in dict_first.keys():
    a = key.replace('-', '.')
    coordinate_list.Append(a)
f_data_list = []
for val_dict in new_data_list:
    val = list(val_dict.values())
    f_data_list.Append(val)
da1 = np.array(f_data_list)
pz2 = []
timee = []
for i in range(0, 144):
    timee.Append(i)
n11 = 18
m11 = [timee[i:i + n11] for i in range(0, len(timee),
n11)]
for j in range(0, 201):
    for k in range(0, 8):
        y = 0
        for i in m11[k]:
            if da1[:, j][i] > arr:
                y = y + 1
        yy = (y / 18) * 100
        pz2.Append(yy)
n2 = 8
m22 = [pz2[i:i + n2] for i in range(0, len(pz2), n2)]
pz1 = []
```

```
    for i in range(0, 201):
        for j in range(0, 8):
            q = [j, i, round(m22[i][j])]
            pz1.Append(q)
return render(request,'index.html',context={"data43":
pz1,"data44": coordinate_list,})
```

（9）前面都是 FM 广播的后端数据处理过程，接下来通过前端页面将后端数据进行 echarts 绘图实现可视化，代码如下（由于绘图代码类似，选取一个举例）：

```
var myChart1 = echarts.init(document.getElementById
('chart1'));
    option1 = {
        tooltip: {
            trigger: 'axis',
            formatter: '频率: {b} MHz<br />功率: {c} dBm',
            textStyle:{color:'#ffff43bf'},
        },
        grid: {
            right: '13%',
        },
        toolbox: {
            feature: {
                restore: {},
                saveAsImage: {}
            },
            top: '8%',
        },
       dataZoom: [
            {
                show: true,
                realtime: true,
                start: 0,
                end: 100,
                bottom: '0%'
            }
```

```
    ],
    xAxis: {
        type: 'category',
        name: 'MHz',
        data: specdata['freq'],
        axisLabel:{color:'white'},
        axisLine:{
          lineStyle:{color:'white'}
        },
        axisTick:{
          lineStyle:{color:'white'}
        },
    },
    yAxis: {
        type: 'value',
        name: 'dBm',
        scale: 'true',
        axisLabel:{color:'white'},
        axisLine:{
          lineStyle:{color:'white'}
        },
        axisTick:{
          lineStyle:{color:'white'}
        },
    },
    series: [{
        type: 'line',
        data: specdata['spec'],
    }]
};
myChart1.setOption(option1);
// baidu map
var myMap1 = echarts.init(document.getElementById
('map1'));
mapoption1 = {
```

```
        geo: {
            map: '云南',
            label: {
                show: true,
                position: 'insideLeft',
                color: 'white',
                fontSize: '10',
                emphasis: {
                    show: true
                }
            },
            //roam: true,
            silent: true,
            itemStyle: {
                normal: {
                    areaColor: 'transparent',
                    borderColor: '#0e94eb',
                    shadowBlur: 10,
                    shadowColor: '#0e94ea'
                }
            },
            top: 5,
            bottom: 15,
            left: 50,
            right: 50,
        },
        series: mapserise
    };
myMap1.setOption(mapoption1);
```

最终得到 FM 广播监测网页版系统界面如图 5.20 所示。

（10）由于界面过于庞大，在手机端获取需要进行一些设置，将界面在通用设置中设置成横屏展示，浏览器标识修改成 PC 标识，操作修改后如图 5.21 所示。

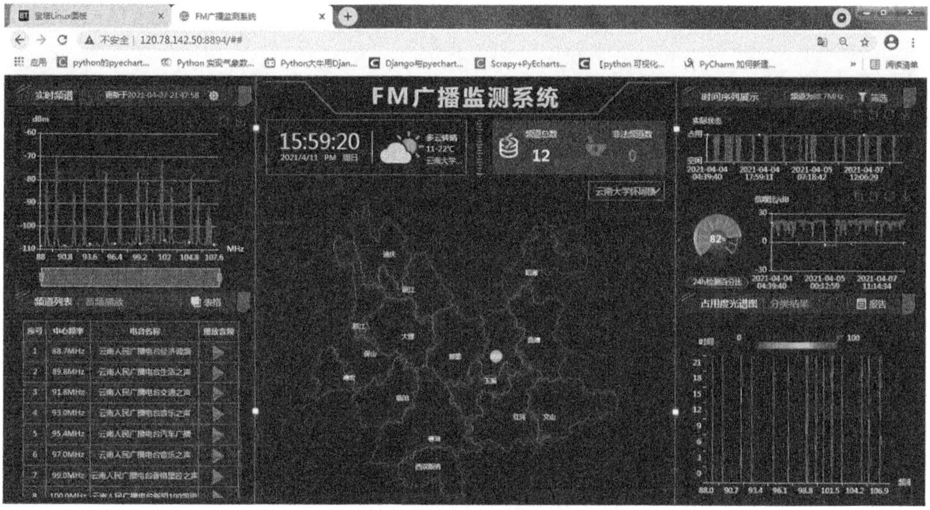

图 5.20　FM 广播监测网页版系统界面

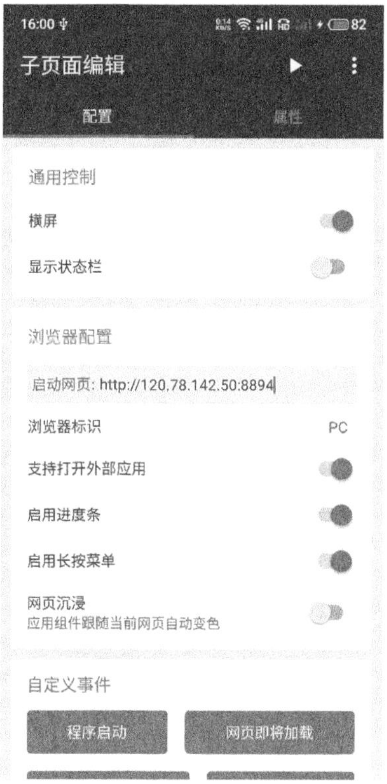

图 5.21　横屏展示设置

获取界面后，手机端显示如图 5.22 所示。

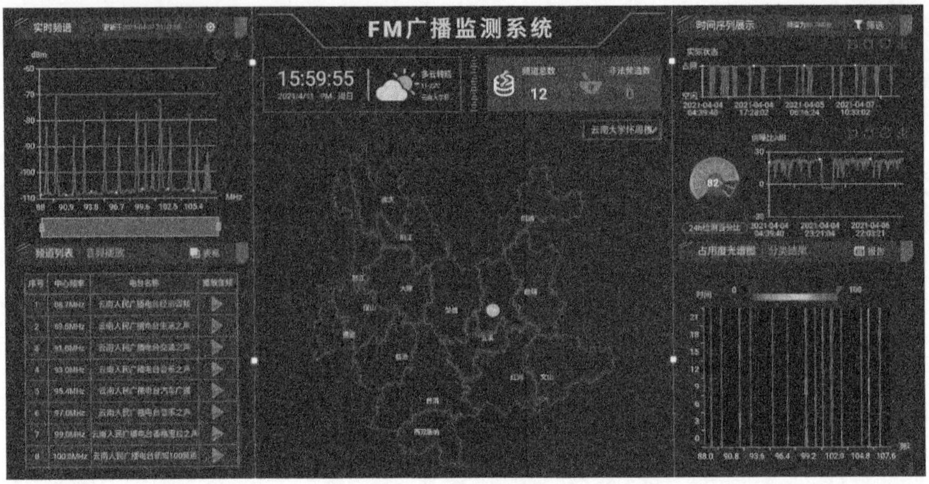

图 5.22　手机端显示

5.5.3 FM 广播监测 App 功能

点击主页面上“FM 广播监测”进入广播监测页面，如图 5.23 所示，分为 5 个区。点击地图上的节点，则界面上将显示该节点的监测结果，目前有 1 个节点安装在云南大学怀周楼。该节点采用了边缘计算的架构设计，监测和数据处理在节点端完成，只有当点击地图上的节点时，服务器端才从节点提取数据进行展示。

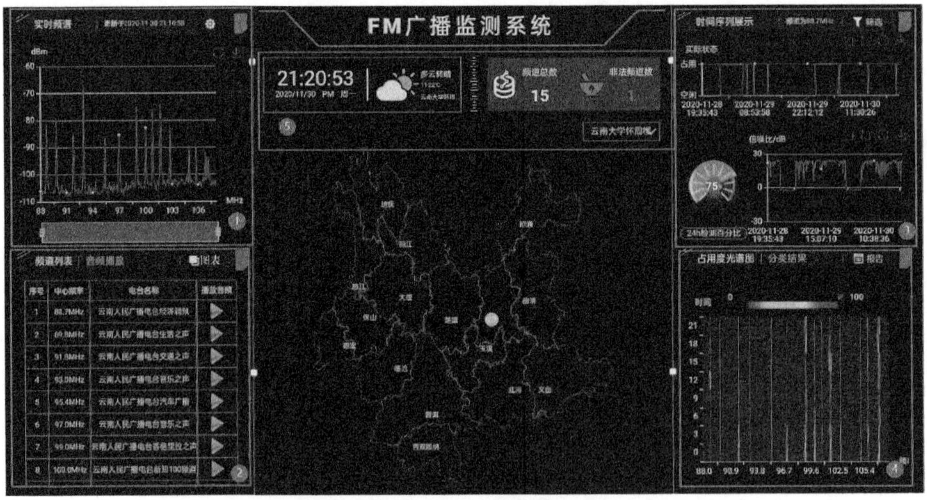

图 5.23　FM 广播监测页面

区域①为实时频谱显示区，动态显示了 FM 广播频段的频谱。

区域②为监测到的广播台，点击图中“三角形”按钮，可以收听相应的广播台。点击区域②上方的“图表”按钮则切换到授权和非授权广播统计区，该区域通过饼图和曲线展示了授权和非授权广播的数量以及随时间变化的关系，如图 5.24（a）所示。点击区域②上方的“音频播放”按钮则可以通过输入频率播放相应的音频，如图 5.24（b）所示。

区域③为时间序列展示区域，其中上面为广播台历史播放状态时间序列，默认显示 88.7MHz 的情况，通过点击右上角的“筛选”按钮，并输入频率，则可以查询到相应频道广播台的历史播放状态时间序列；下面为 24 小时内该频道的检测百分比和信噪比的时间序列，如图 5.25 所示。

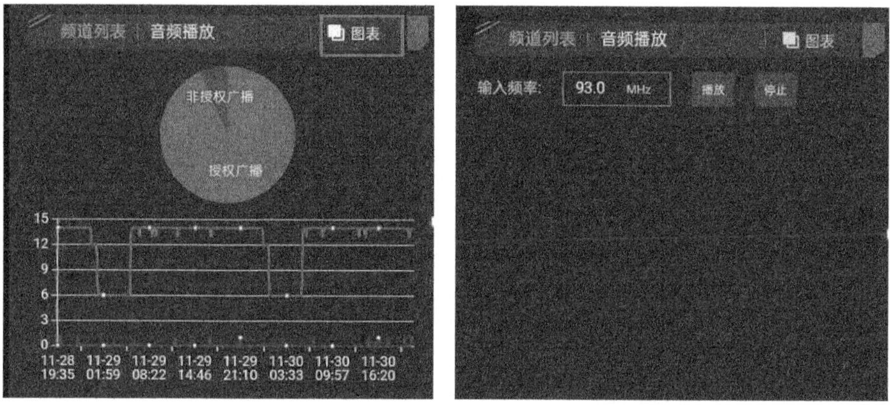

(a)　(b)

图 5.24　授权广播和非授权广播统计结果和音频播放

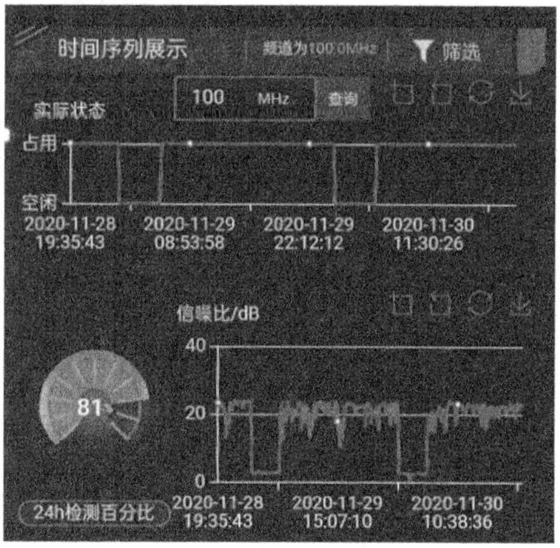

图 5.25　时间序列展示页面

在区域④可以查看占用度光谱图，通过点击该区域右上方的“报告”按钮可以打印出 FM 广播监测报告，如图 5.26 所示。报告分为六个部分，分别为频谱展示、频道列表、24 小时授权与非授权广播占比、各频道时间序列展示、24 小时播放时长排行数据和发射功率排行数据统计结果。

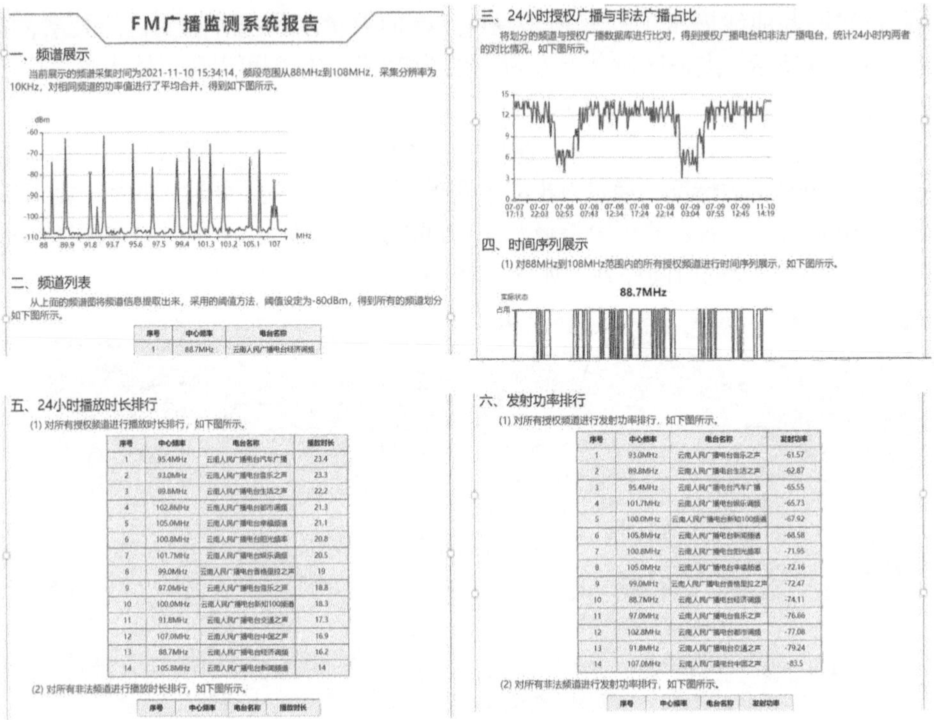

图 5.26　FM 广播监测报告截图

区域⑤为数据总览，左部分用于显示该区域实时天气与当前时间，右部分用来直观显示当前检测到的频道总数和未知电台数，数据每 30 分钟更新一次，如图 5.27 所示。本项目工程代码已上传至 https://github.com/wml6/WinLab。

图 5.27　数据总览

5.6　无线电知识问答

5.6.1　研究背景

无线电管理本质上就是要解决空中无线电信号是什么业务、发射源在哪里、参数是否合规等问题，因此采用知识问答方式服务无线电管理人员和公众是无线电管理的发展方向。基于此，本项目利用工业和信息化部公开的数据“无线电发射设备型号核准”探索无线电知识问答的解决方案。

5.6.2　无线电知识问答 App 开发

根据工业和信息化部“无线电发射设备型号核准”数据，我们通过 Fusion App 开发了无线电知识问答 App，软件开发步骤如下。

（1）首先使用 Python 里的 django 框架制作出网页的前、后端，前端使用 Bootstrap 框架进行整体布局，然后向后端传递所需要回答的问题（通过 ajax 进行传输，代码省略）；接收后端传递回来的结果进行展示，同时播放后端结果转化的语言回答，代码如下：

```
<script language = "javascript" type = "text/javascript">
function autoPlay(b) {
var mp3Url = "http://120.78.142.50:8890/static/radio/"
+b+".mp3";
var audio = new Audio(mp3Url);//这里的路径写上 mp3 文件在项
目中的绝对路径
audio.play();
    }
</script>
```

后端接收前端传输的问题并调用知识问答的处理方法进行处理，包括两部分代码。

view 中接收前端问题及调用 models 中知识问答方法，代码如下：

```
def shebei1(request):
    question = str(request.POST.get('wenti'))
if question == 'None':
        q4 = "请在上方输入框输入问题"
print('没有数据')
else:
print(question)
        q1 = QuestionClassifier().classify(question)
print(q1)
        q2 = QuestionPaser().parser_main(q1)
```

```
print(q2)
        q3 = AnswerSearcher().search_main(q2)
print(q3)
if not q3:
            q4 = "无结果"
else:
            q4 = q3
return JsonResponse({"data14":q4})
```

models 中知识问答方法代码如下：

```
from django.db import models
import os
import ahocorasick
from py2neo import Graph
class QuestionClassifier:
def __init__(self):
       cur_dir = '/'.join(os.path.abspath(__file__).
       split('/')[:-1])
# 特征词路径
self.bandwidth_path = os.path.join(cur_dir, 'D:/工程/111
/static/data/bandwidth.txt')    # 实体类别
self.equipment_path = os.path.join(cur_dir, 'D:/工程/111
/static/data/equipment.txt')
self.frequency_path = os.path.join(cur_dir, 'D:/工程/111
/static/data/frequency.txt')
self.launch_path = os.path.join(cur_dir, 'D:/工程/111
/static/data/launch.txt')
self.limiting_path = os.path.join(cur_dir, 'D:/工程/111
/static/data/limiting.txt')
self.manufacturer_path = os.path.join(cur_dir, 'D:/工程
/111/static/data/manufacturer.txt')
# 加载特征词
self.bandwidth_wds = [i.strip() for i in open(self.
bandwidth_path, 'r', encoding = 'utf-8') if i.strip()]
# 将每一个文本分成列表结构
```

```
self.equipment_wds = [i.strip() for i in open(self.
equipm ent_path, 'r', encoding = 'utf-8') if i.strip()]
self.frequency_wds = [i.strip() for i in open(self.
frequency_path, 'r', encoding = 'utf-8') if i.strip()]
self.launch_wds = [i.strip() for i in open(self.
launch_path, 'r', encoding = 'utf-8') if i.strip()]
self.limiting_wds = [i.strip() for i in open(self.
limiting_path, 'r', encoding = 'utf-8') if i.strip()]
self.manufacturer_wds = [i.strip() for i in open(self.
manufacturer_path,'r',encoding = 'utf-8') if i.strip()]
# set() 函数创建一个无序不重复元素集
self.region_words = set(self.bandwidth_wds
+ self.equipm
ent_wds + self.frequency_wds + self.launch_wds + self.
limiting_wds + self.manufacturer_wds)
# 构造领域 actree
self.region_tree = self.build_actree(list(self.
region_words))
# 构建词典
self.wdtype_dict = self.build_wdtype_dict()
# 问句疑问词
self.zasan_qwds = ['杂散发射限值', '发射限值']
self.bandwidth_qwds = ['占用带宽', '带宽']
print('model init finished ......')
return
'''分类主函数''' # 将问题进行分类
def classify(self, question):  # 若 question 为无线电设备
的特征有哪些?
data = {}
        medical_dict = self.check_medical(question)
       #{'无线电设备': ['disease']}
if not medical_dict:
return {}
       data['args'] = medical_dict   # data['args']
       {'无线电设备': ['disease']}
```

```
#收集问句当中所涉及的实体类型
types = []
for type_ in medical_dict.values():
       types + = type_   # types   ['disease']
question_type = 'others'
question_types = []
# 华为技术有限公司生产的无线电发射设备有哪些?
if 'manufacturer' in types:
       question_type = 'manufacturer_shebei'
question_types.Append(question_type)
# 发射功率为≤1W 的无线电发射设备有哪些?
if 'launch' in types:
       question_type = 'launch_shebei'
question_types.Append(question_type)
# 占用带宽为≤35MHz 的无线电设备有哪些?
if self.check_words(self.bandwidth_qwds, question) and
'bandwidth' in types:
       question_type = 'bandwidth_shebei'
question_types.Append(question_type)
# 调幅电台由哪些生产厂商生产?
if 'equipment' in types:
       question_type = 'equipment_manu'
question_types.Append(question_type)
# 杂散发射限值为≤-30dBm 的无线电发射设备有哪些?
if self.check_words(self.zasan_qwds,question) and 'limiting'
in types:
       question_type = 'limiting_shebei'
question_types.Append(question_type)
       data['question_types'] = question_types
return data   'question_types': ['disease_symptom']}  #一
个字典结构
'''构造词对应的类型'''
def build_wdtype_dict(self):
       wd_dict = dict()   # 创建字典结构
for wd in self.region_words:
```

```
        wd_dict[wd] = []   # [],形式
    if wd in self.bandwidth_wds:
        wd_dict[wd].Append('bandwidth')
    if wd in self.equipment_wds:
        wd_dict[wd].Append('equipment')
    if wd in self.frequency_wds:
        wd_dict[wd].Append('frequency')
    if wd in self.launch_wds:
        wd_dict[wd].Append('launch')
    if wd in self.limiting_wds:
        wd_dict[wd].Append('limiting')
    if wd in self.manufacturer_wds:
        wd_dict[wd].Append('manufacturer')
    return wd_dict   # 将之前列表中的每一个实体赋予其实体类型
    '''构造 actree，加速过滤'''
    def build_actree(self, wordlist):
        actree = ahocorasick.Automaton()
    for index, word in enumerate(wordlist):
          actree.add_word(word, (index, word))
        actree.make_automaton()
    return actree   # <ahocorasick.Automaton at 0x25bb17165 70>形式
    '''问句过滤'''   # 将句子中上面对应的实体提取出来， 将问句提取成
所属类别，is disease or others
    def check_medical(self, question):
    region_wds = []
    for i in self.region_tree.iter(question):   # iter()
函数用来生成迭代器
    wd = i[1][1]
    region_wds.Append(wd)
    stop_wds = []
    for wd1 in region_wds:
    for wd2 in region_wds:
    if wd1 in wd2 and wd1 ! = wd2:   # 当 wd1
    stop_wds.Append(wd1)
    final_wds = [i for i in region_wds if i not in stop_wds]
```

```
# ['乳腺癌']
final_dict = {i:self.wdtype_dict.get(i) for i in final_w ds}
# {'乳腺癌': ['disease']}
return final_dict   # 字典结构
'''基于特征词进行分类'''     # 若某个问句疑问词列表里的某个名词在
question 字符串中出现，返回 true,继续执行，否则返回 false
def check_words(self, wds, sent):   # wds:self.symptom_qwds
for wd in wds:
if wd in sent:          # sent: question
return True
      return False
class QuestionPaser:
'''构建实体节点'''
def build_entitydict(self, args):   # args:   {'无线电设
备': ['disease']}
entity_dict = {}    # 字典结构
for arg, types in args.items():   # items 函数可以遍历出
dict 内的 key 和 value，并以一对为元组的形式，组成一个 list
types :  ['disease']
for type in types:
if type not in entity_dict:
             entity_dict[type] = [arg]
else:
             entity_dict[type].Append(arg)
return entity_dict   # {'disease': }
'''解析主函数'''
def parser_main(self, res_classify):   # res_classify:
{'args':  {'无线电设备':  ['disease']},  'question_types':
['disease_symptom']}
args = res_classify['args']   # args:
entity_dict = self.build_entitydict(args)   # {'disease':
['无线电设备']}
question_types = res_classify['question_types']   #
['disease_symptom']
sqls = []
```

```
for question_type in question_types:
        sql_ = {}
        sql_['question_type'] = question_type
        sql = []
if question_type == 'manufacturer_shebei':
        sql = self.sql_transfer(question_type,
        entity_dict.get('manufacturer'))
elif question_type == 'launch_shebei':
        sql = self.sql_transfer(question_type,
        entity_dict.get('launch'))
elif question_type == 'bandwidth_shebei':
        sql = self.sql_transfer(question_type,
        entity_dict.get('bandwidth'))
elif question_type == 'equipment_manu':
        sql = self.sql_transfer(question_type,
        entity_dict.get('equipment'))
elif question_type == 'limiting_shebei':
        sql = self.sql_transfer(question_type,
        entity_dict.get('limiting'))
if sql:
        sql_['sql'] = sql
sqls.Append(sql_)  # sql_ 字典结构
return sqls
'''针对不同的问题，分开进行处理'''
def sql_transfer(self, question_type, entities):  # 生
成 cypher 语句
if not entities:
return []
# 查询语句
sql = []
# 华为技术有限公司生产的无线电发射设备有哪些?
if question_type == 'manufacturer_shebei':
        sql = ["match (n:`生产厂商`)<-[:`厂商生产`]-(m)
        where n.名称 = '{0}' return m.名称, n.名称".
        format(i) for i in entities]
```

```
# 发射功率为≤1W的无线电发射设备有哪些?
elif question_type == 'launch_shebei':
        sql = ["match (n:`发射功率`)<-[r]-(m:`无线电设
        备`) where n.功率 = '{0}' return m.名称, n.功率".
        format(i) for i in entities]
# 占用带宽为≤35MHz的无线电设备有哪些?
elif question_type == 'bandwidth_shebei':
        sql = ["match (n:`占用带宽`)<-[r]-(m:`无线电设
        备`) where n.带宽 = '{0}' return m.名称, n.带宽".
        format(i) for i in entities]
# 调幅电台由哪些生产厂商生产?
elif question_type == 'equipment_manu':
        sql = ["match (n:`无线电设备`)-[r]->(m:`生产厂
        商`) where n.名称 = '{0}' return m.名称, n.名称".
        format(i) for i in entities]
# 杂散发射限值为≤-30dBm的无线电发射设备有哪些?
elif question_type == 'limiting_shebei':
        sql = ["match (n:`杂散发射限值`)<-[r]-(m) where
        n.限值 = '{0}' return m.名称, n.限值".format(i)
        for i in entities]
return sql
class AnswerSearcher:
def __init__(self):
self.g = Graph(
host = "localhost",   # 本地 IP 地址
http_port = 7474,
user = "neo4j",
password = "1")
self.num_limit = 15
'''执行cypher查询,并返回相应结果'''
def search_main(self, sqls):   # sqls 为 [{'question_
type':'disease_symptom', 'sql': ["MATCH (m:Disease)
-[r:has_symptom]->(n:Symptom) return m.name, r.name,
n.name"]}]
final_answers = []  # 用来装问句最后的问答结果
```

```
for sql_ in sqls:
            question_type = sql_['question_type']   #
            question_type: 'disease_symptom',
queries = sql_['sql'] # queries: ["MATCH (m:Disease)-
[r:has_symptom]->(n:Symptom)  return  m.name,  r.name,
n.name"]}]
answers = []
for query in queries:   # query 即为对应问句的 cypher 语句
ress = self.g.run(query).data()
answers += ress
final_answer = self.answer_prettify(question_type,
answers)   # 调对应类型问题回答的模板
if final_answer:
                final_answers.Append(final_answer)
return final_answers
'''根据对应的 qustion_type，调用相应的回复模板'''
def answer_prettify(self, question_type, answers):
       final_answer = []
if not answers:
return ''
if question_type == 'manufacturer_shebei':
          desc = list(set([i['m.名称'] for i in
          answers]))   # desc 为 n(的实体名称
subject = answers[0]['n.名称']   # answers 为上述的一个列
表， subject 为去列表中第一个字典的 [m.name] 的实体名称，
final_answer ='{0}的无线电发射设备有：{1}'.format(subject,
'; '.join(desc[:self.num_limit]))
elif question_type == 'launch_shebei':
          desc = list(set([i['m.名称'] for i in answers]))
          subject = answers[0]['n.功率']
          final_answer = '发射功率为{0}的无线电发射设备有：
{1}'.format(subject, '; '.join(desc[:self.num_limit]))
elif question_type == 'bandwidth_shebei':
          desc = list(set([i['m.名称'] for i in answers]))
          subject = answers[0]['n.带宽']
```

```
            final_answer = '占用带宽为{0}的无线电发射设备有:
            {1}'.format(subject, '; '.join(desc[:
            self.num_l imit]))
    elif question_type == 'equipment_manu':
            desc = list(set([i['m.名称'] for i in answers]))
            subject = answers[0]['n.名称']
            final_answer = '{0}的生产厂商有: {1}'.format
            (subject, '; '.join(desc[:self.num_limit]))
    elif question_type == 'limiting_shebei':
           desc = list(set([i['m.名称'] for i in answers]))
           subject = answers[0]['n.限值']
           final_answer = '杂散发射限值为{0}的无线电发射设备有:
           {1}'.format(subject, '; '.join(desc[:self.num_
           limit]))
    return final_answer   # 返回结果一个字符串文字
```

（2）文字转语音使用的百度 API 代码如下：

```
App_ID = '22997837'
API_KEY = 'bIHCz5kD9BnDQ4U14zeewtvT'
SECRET_KEY = 'Qz1cTUBNoYFpghYdq0dZm7KyOgGX1lQg'
client = AipSpeech(App_ID, API_KEY, SECRET_KEY)
def hecheng(str=""):
print("baiduVoiceGenerate:  V1.0,  by  Guanagwei_Jiang,
20181121")
   path = settings.BASE_DIR
   result = client.synthesis(str, 'zh', 1, {'vol': 5,
'per': 4})
if not isinstance(result, dict):
with open(path + "\\static\\" + "\\voice\\" +'temp.mp3',
'wb') as f:
         f.write(result)
```

网页结果如图 5.28 所示。

（3）通过 Fusion App 对网页进行封装打包成手机 App 安装使用，操作与上面相同，App 功能与上面网页版完全相同[47]。

图 5.28　无线电发射设备型号核准网页

5.6.3　无线电知识问答 App 功能

该模块基于图数据库构建无线电设备知识图谱，并进行可视化和知识问答。在界面上方无线电设备知识问答栏中的下拉框内选择无线电发射设备相关问题，点击提交后，系统将返回答案，如图 5.29 所示。

(a)　　(b)　　(c)

图 5.29　无线电管理知识问答手机 App 界面

另外，系统从图数据库中得到了厂商生产设备种类 Top10 排行榜、设备发射功率统计图、无线电发射设备种类 Top5、设备发证时间统计图等，如图 5.30

所示。工程文件已上传至 https://github.com/wml6/WinLab。

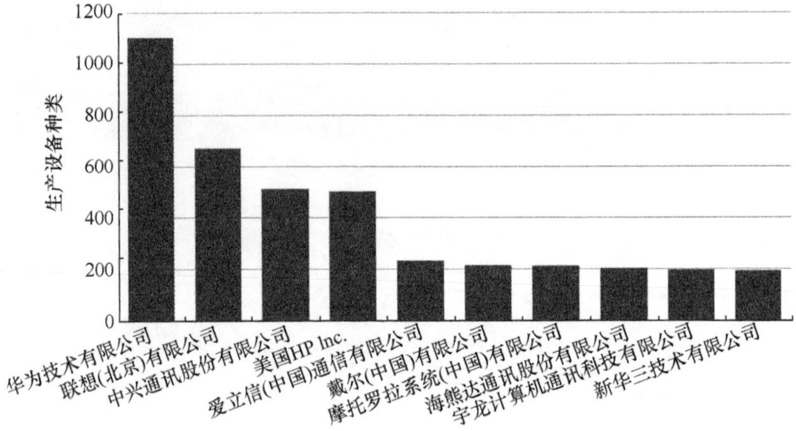

(a) 厂商生产设备种类Top 10

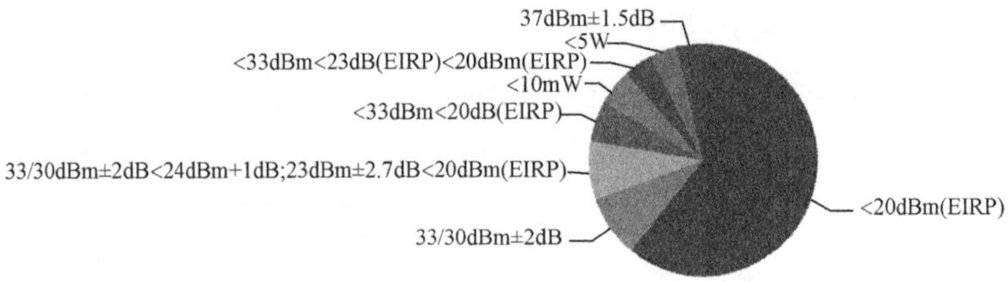

(b) 设备发射功率统计图

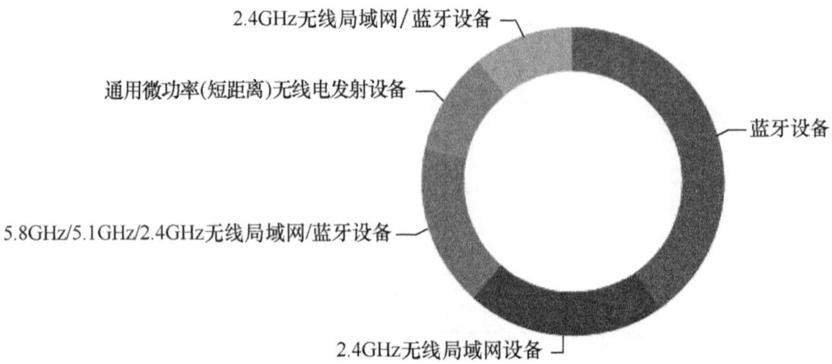

(c) 无线电发射设备种类Top5

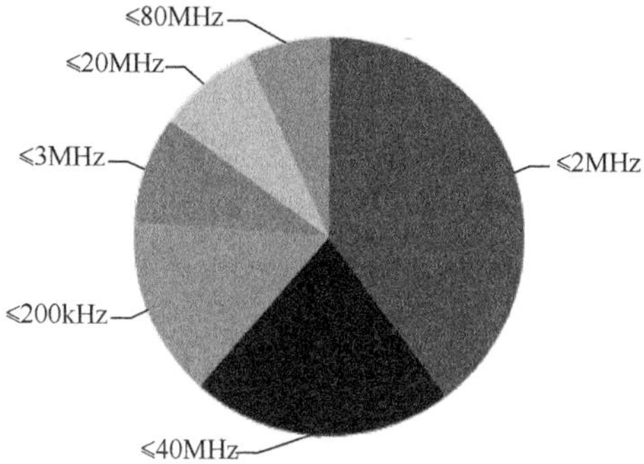

(d) 设备占用带宽统计图

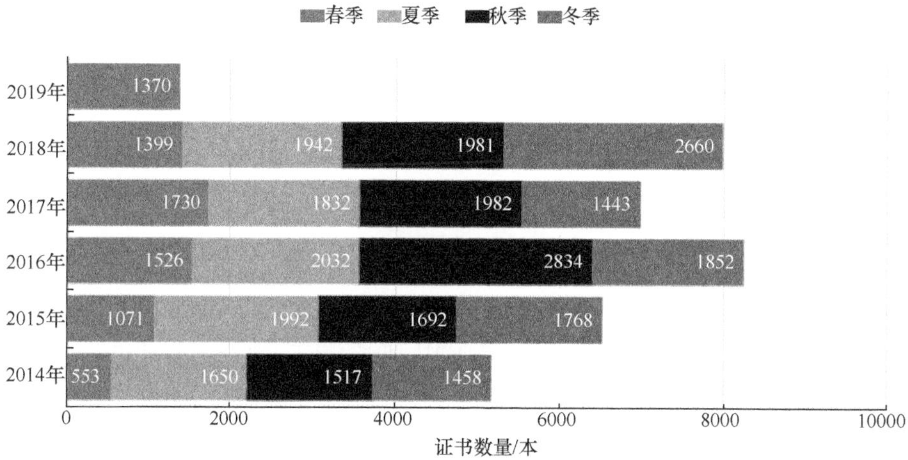

(e) 设备发证时间统计图

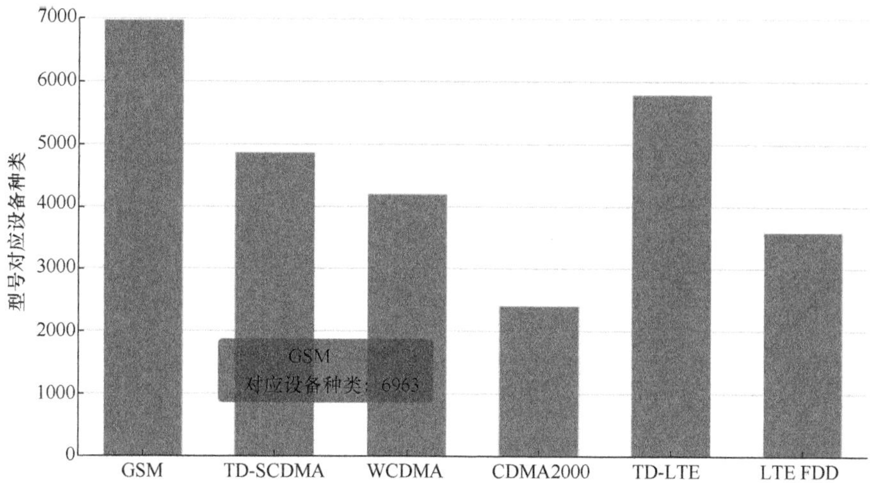

(f) 设备网络通信标准统计图

图 5.30　无线电设备信息统计数据

参 考 文 献

[1] 工业和信息化部无线电管理局. 中华人民共和国无线电频率划分规定[EB/OL]. http://www.srrc.org.cn/kindeditor/attached/file/20190704/20190704100047_2979.pdf[2018-7-1].

[2] 国家无线电监测中心. 保卫电波三十年, 砥砺奋进新时代[A/OL]. http://www.srrc.org.cn/article21772.aspx[2018-9-26].

[3] 无线电管理局. 无线电管理局(国家无线电办公室)具体职责[EB/OL]. https://www.miit.gov.cn/jgsj/wgj/jgzz/art/2020/art_1dcfd8e75a4c4f40ab80d65b6d18dfeb.html[2021-5-13].

[4] Lu Q N, Li C X, Yang J J, et al. Radio regulatory knowledge graph framework and its application[C]. The 3rd International Conference on Electronics and Communication Engineering, Xi'an, 2020: 61-65.

[5] 无线电教程编写委员会. 无线电教程(一、二、三) [M]. 北京: 红旗出版社, 北京希望电子出版社, 2005.

[6] 徐明远, 陈德章, 冯云. 无线电信号频谱分析[M]. 北京: 科学出版社, 2008.

[7] 陈德章. 云南省无线电监测网综合应用教程[M]. 昆明: 云南大学出版社, 2009.

[8] 朱辉, 冯云, 郭锋, 等. 实用射频测试和测量[M]. 北京: 电子工业出版社, 2016.

[9] 边疆无线电编委会. 边境区域无线电管理技术设施建设及投资需求研究[M]. 昆明: 云南大学出版社, 2015.

[10] 鲁倩南, 金肇元, 陈德章, 等. 融合发展互联网+无线电打造全国智能边疆无线电监管网[J]. 中国无线电, 2016, (1): 24-26.

[11] 中共中央网络安全和信息化委员会办公室. 融合发展互联网+无线电打造智能边疆无线电监管网[EB/OL]. http://www.cac.gov.cn[2021-5-13].

[12] 黄铭. 红河州边境无线电监管示范与创新[M]. 昆明: 云南大学出版社, 2018.

[13] Lu Q N, Yang J J, Jin Z Y, et al. State of the art and challenges of radio spectrum monitoring in China[J]. Radio Science, 2017, 52(10): 1261-1267.

[14] Underwood E. Managing radio traffic jams with the cloud[A/OL]. https://eos.org/research-spotlights/managing-radio-traffic-jams-with-the-cloud[2021-5-13].

[15] Huang M, Yang D R, Zhu D, et al. FM broadcast monitoring using artificial intelligence[J]. Radio Science, 2020, 55(4): 1-6.

[16] 朱亚磊. 国家无线电监测中心党委书记李景春赴云南省无线电监测中心调研[J]. 中国无线电, 2019, (4): 2-3.

[17] 云南大学无线创新实验室. "黑广播"监测进入 AI 时代[J]. 中国无线电, 2019, (3): 封三.

[18] 云南大学无线创新实验室. 基于谱传感的民用航空无线电监测系统 CARM[J]. 中国无线电, 2019, (3): 75-76.

[19] 黄铭. 现代信息通信网络基础[M]. 昆明: 云南大学出版社, 2002.

[20] 华为技术有限公司. 华为公司简介[EB/OL]. https://www.huawei.com/cn/corporate-information [2021-5-13].

[21] 李建东, 盛敏, 李红艳. 通信网络基础[M]. 北京: 高等教育出版社, 2011.

[22] 鲁倩南, 陈德章, 金肇元, 等. 谱传感: 基于知识驱动的无线电监管[J]. 中国无线电, 2017, (10):25-26.

[23] 黄铭, 鲁倩南, 杨晶晶, 等. 一种基于边缘计算的智能无线电监管架构[J]. 中国无线电, 2018, (12):53-54.

[24] Khan L U, Yaqoob I, Tran N H, et al. Edge-computing-enabled smart cities: A comprehensive survey[J]. IEEE Internet of Things Journal, 2020, 7(10): 10200-10232.

[25] Dao N N, Pham Q V, Tu N H, et al. Survey on aerial radio access networks: Toward a comprehensive 6G access infrastructure[J]. IEEE Communications Surveys & Tutorials, 2021, 23(2):1193-1225.

[26] 雪飞_海. 深入理解 B/S 与 C/S 架构[A/OL]. https://blog.csdn.net/sea_snow/article/details/81187804 [2021-5-13].

[27] 阿里云官网. 数字经济的基础设施[EB/OL]. https://www.aliyun.com/?utm_content=se_1008364713[2021-5-13].

[28] OpenStack. The most widely deployed open source cloud software in the world[EB/OL]. https://www.openstack.org[2021-5-13].

[29] Python Software Foundation. Python official website [EB/OL]. https://www.python.org[2021-5-13].

[30] Web 标准. 菜鸟教程[A/OL]. https://www.runoob.com/web/web-standards.html[2021-5-13].

[31] 张普宁. 移动互联网关键技术与应用[M]. 2 版. 北京: 电子工业出版社, 2019.

[32] 中国网信网. 常见类型移动互联网应用程序(App)必要个人信息范围(征求意见稿)[EB/OL]. http://www.cac.gov.cn/2020-12/01/c_1608389002456595.htm[2021-5-13].

[33] 邱锡鹏. 神经网络与深度学习[M]. 北京: 机械工业出版社, 2020.

[34] Matthieu Brucher. Scikit-learn[EB/OL]. https://scikit learn.org/stable[2021-5-13].

[35] Keras SIG. Keras 深度学习 API[EB/OL]. https://keras.io/about[2021-5-13].

[36] 国务院. 新一代人工智能发展规划的通知: 国发[2017]35 号[EB/OL]. http://www.gov.cn/zhengce/content/2017-07/20/content_5211996.htm[2021-5-13].

[37] 程秀才, 王蕊, 荣鼎慧. 智能手机 APP 软件质量现状与分析[J]. 软件, 2017, 38(11): 156-159.

[38] 谭东. Android 开发进阶实战: 拓展与提升[M]. 北京: 机械工业出版社, 2020.

[39] Kingplus. Hybrid App 混合开发的一些经验和总结[A/OL]. https://www.cnblogs.com/kingplus/p/5588339.html[2021-5-13].

[40] 360 个人图书馆. 原生 App 与 Web App 的区别[A/OL]. http://www.360doc.com/content/19/0625/15/28002135_844766533.shtml[2021-5-13].

[41] 广东堡塔安全技术有限公司. 宝塔官网[EB/OL]. https://www.bt.cn[2021-5-13].

[42] Zhipengit. NPS 工具实现内网穿透[A/OL]. https://blog.csdn.net/hnjb5873/article/details/110481107?utm_medium=distribute.pc_relevant.none-task-blog-2%7Edefault%7EBlogCommendFromMachineLearnPai2%7Edefault-2.control&dist_request_id=1331989.11596.16187990080000885&depth_1-utm_source=distribute.pc_relevant.none-task-blog-2%7Edefault%7EBlogCommendFromMachineLearnPai2%7Edefault-2.control[2021-5-13].

[43] 工业和信息化部. 工业和信息化部关于印发《3000～5000MHz 频段第五代移动通信基站与卫星地球站等无线电台(站)干扰协调管理办法》的通知(工信部无[2018]266 号)[EB/OL]. http://gxt. jl.gov.cn/xxgk/zcwj/bwgz/201905/t20190528_5897403.html[2021-5-13].

[44] Fernandes L C. The design and development of an app to compute exposure to electromagnetic fields[EM programmer's notebook][J]. IEEE Antennas and Propagation Magazine, 2017, 59(2): 149-160.

[45] 工业和信息化部. 无线电频率占用度测量要求及方法(工信部无 2016379 号-9)[EB/OL]. http://www.srrc. org.cn/article18669.aspx[2021-5-13].

[46] 无线电管理局. 中国无线电管理年度报告 2019 年[R/OL]. http://www.srrc.org.cn/kindeditor/attached/file/20200709/20200709105117_0252.pdf[2021-5-13].

[47] Huang M, Yang D R, Zhu D, et al. FM broadcast monitoring using artificial intelligence[J]. Radio Science, 2020, 55(4):1-6.